できるビジネス

ひと目で伝わるプレゼン資料の全知識

日比海里

JN021667

インプレス

はじめに

「なんで自分が作るプレゼン資料って、わかりづらいのだろう……？」

　なんとなくそう感じつつも、その理由が理解できていない方は意外と多いのではないでしょうか。それもそのはず、そもそもほとんどのビジネスパーソンは、これまで「正しいプレゼン資料の作り方を習っていない」のです。多くの方がプレゼン資料作りで苦戦する原因はここにあります。

　つまり、皆さん「自己流」でプレゼン資料を作ってしまっているのです。学校や社会に出た後も、正しいプレゼン資料の作り方を学ばずに資料作りを強いられ、「こんな感じかな……」と手探りで作っているのが現場のリアルです。

「自己流の引継ぎ」という負の連鎖

　よく仕事の現場では「資料の引継ぎ」が行われますが、引き継ぐプレゼン資料も「自己流」で作られているケースがほとんどです。自己流で作られたわかりにくい資料を引き継ぎ、引き継いだ自分もどこをどう直せばいいかわからないまま、センスに頼って自己流でその内容を修正し、さらにわかりにくくしてしまう。そして、そのわかりにくい資料をまた自己流しか知らない後輩に引き継がせて、さらに資料がわかりにくくなる……。こんな「負の連鎖」が現場では非常によく起こっています。

　このような状況では、相手に伝わりやすい、わかりやすいプレゼン資料に仕上がらないのは必然といえます。よく考えたら恐ろしい事実ですが、これも現場のリアルです。そのため、伝わるプレゼン資料を作るにはまず「自己流」から脱却する必要があります。

センスはいらない。必要なのはセオリー

　「私、美的センスがなくて……」これは私が行っている資料作成セミナーなどに参加される生徒さんからよく聞く言葉です。つまり、この生徒さんをはじめとする多くの方が「美的センスがないから（＝原因）、資料がわかりにくくなってしまう（＝結果）」と考えているということですが、この際はっきりとしておきましょう。ビジネスシーンでわかりやすい資料を作るうえで、美的センスは一切必要ありません！ これは多くの方がプレゼン資料作りに対して抱いている勘違いです。では、何が必要なのか？ その答えは「セオリー」です。

　実はプレゼン資料作りには、資料をわかりやすく、伝わりやすくするためのセオリーが存在します。そのため、自己流から脱却するためにはそのセオリーをしっかり押さえることが重要です。「センスを磨く」という考えは捨ててしまいましょう。

　私が考えるセンスとセオリーの定義をまとめると以下のようになります。

●センスとは……

　"個人で無意識化に培われる"発想や感性やひらめき
　＝「個人差が大きく、簡単に身につかないもの」

●セオリーとは……

　"誰でも必ず同じ答えにたどり着く"不変の真理
　＝「学べば誰でも必ず身につけられるもの」

本書ではそのセオリーについて実例をもとに解説するとともに、PowerPoint の操作方法までカバーしています。

　ほかにも PowerPoint のノウハウ本は多数出版されていますが、「①実例を交えたセオリーの解説」と「②実例のように仕上げるための操作方法の解説」が一緒になされているものは多くはありません。しかも、本書で紹介している操作解説は動画でも閲覧可能になっているので、まさに実際の画面そのままにリアルな操作手順を学ぶことができます。

　そのような意味では、シンプルにセオリーを学びたい方だけでなく、PowerPoint の操作に不慣れな方や、効率的に資料を作成したい方などにもお役立ていただける内容になっていると思います。

　ぜひ本書が皆さんの"プレゼンライフ"をより有意義なものにする一助となれば幸いです。

2020年2月　日比海里

PowerPoint の操作がわかる
YouTube 動画の見方

　紙面に掲載されている QR コードを読み取ると PowerPoint の操作がわかる YouTube 動画を見ることができます。

QR コードを読み取る

スマートフォンやタブレットの QR コード読み取りアプリを起動して紙面に掲載されている QR コードを読み取る。

PowerPoint の操作がわかる YouTube 動画は以下のページで一覧できます。

https://dekiru.net/pptpr

Contents

Chapter 6　伝わる図解と図形のセオリー ……………………125

Chapter **8** **伝わるグラフと表のセオリー** ····························· 189

Chapter **9** **伝わるアニメーションのセオリー** ………………… 217

Chapter**10** **伝わるプレゼン資料作成のための**
PowerPoint設定 …………………… 233

Chapter 1

伝わるプレゼンの
セオリー

プレゼン資料はトークの
サポート役である

　プレゼン資料を作る前に改めてその役割を押さえておきましょう。そもそもプレゼンは①トーク、②トーク原稿、③プレゼン資料、④配布資料の4つの要素で構成され、それぞれに異なる役割があります。その中でプレゼンの主役を担っているのは「トーク」です。「プレゼン資料」を主役に考えがちですが、もしそうであれば、プレゼンしないで、その資料を配るだけでいいはずです。しかし、トークだけだと聞き手の記憶に残りづらく、イメージが湧きにくいので、それを「視覚的にサポートしてあげる」ためにあるのがプレゼン資料なのです。

　つまり、プレゼン資料はトークのポイントを表現するだけでOKということになります。主役ではなくサポート役だと思えば、ハードルが高いと感じるプレゼン資料作りも、少し気が楽になるのではないでしょうか。

●プレゼンを構成する要素

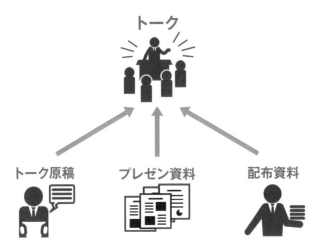

プレゼンは4つの要素で構成されており、主役はプレゼンターのトークで、プレゼン資料はトークを印象づけるためのサポート役。

02 ［プレゼン資料の特徴］

プレゼン資料は「遠くから見る」資料である

プレゼン資料というのは、非常に「特殊な状況」で見られるビジネス資料です。一般的なビジネス資料は「1人が、手元に持って近くで見る」のが基本ですが、プレゼン資料は「大勢の人が、遠くから見る」ものです。また、一般的な資料は基本的に読み手のペースで読めますが、プレゼン資料の場合はプレゼンターのペースで次々とスライドが進んでいってしまうので、聞き手は自分のペースで資料を見ることができません。これもほかのビジネス資料と大きく違う点といえるでしょう。プレゼン資料を作るときは、このような特殊な状況を踏まえる必要があります。

●プレゼン資料とほかのビジネス資料の違い

プレゼン資料の特徴

- ●見て理解するための資料
- ●大勢の人が同時に見る
- ●遠くから見る
- ●自分のペースで見ることができない

ほかのビジネス資料の特徴

- ●読んで理解するための資料
- ●(基本的には)1人で読む
- ●手元に持って近くで読む
- ●自分のペースで読むことができる

POINT ───

そのほか、プレゼン資料は基本的に「目で見た情報と耳で聞いた情報にズレが生じる」という特徴もあります。こういった独特な特徴も意識できると、よりわかりやすい資料に仕上がります。

プレゼン資料で重要なのは「パッと見て理解できる」こと

プレゼン資料の役割は、プレゼンの主役であるトークの大切な部分だけを視覚的に表現することなので、パッと見て一瞬で理解できるような資料にすることが重要です。その理由は記憶を司る脳の仕組みが関係しています。

脳は目や耳から入ってきた情報を受け取り、その情報を処理（＝認識）することで、最終的に「わかりやすい」または「わかりにくい」と判断しています。このときにポイントになるのが、脳は「情報の処理が短時間で済むもの」を「わかりやすい」と判断するということです。たとえば右ページの2枚のスライドを見てください。この2枚は同じ内容を表したものですが、どちらがわかりやすいでしょうか。おそらく多くの人は下のスライドのほうがわかりやすいと感じるはずです。この違いは、色の使い方や文字の大きさ、文章の長さ、といった情報量の違いによって生じています。そして人は、少ない情報であればあるほど、短い時間で理解できます。

つまり、わかりやすいプレゼン資料は「脳が情報を認識するのに時間がかからない＝パッと見て理解できる」という条件を持っているということ。ここが伝わるプレゼン資料作成における大きなポイントになります。

そのためには「シンプル」で「すっきり」したプレゼン資料にする必要があります。色をたくさん使ってカラフルな資料にしたり、たくさん画像を入れてみたりして過剰に装飾されたプレゼン資料がよくありますが、これは逆効果です。

装飾した資料というのは不要な情報が入り過ぎて、情報が整理されない「わかりにくい資料」になりがちです。何か特別に演出する必要のあるプレゼン以外で、プレゼン資料に装飾は必要ありません。

POINT ───────

ドラマ・CM・広告の企画書やプレゼンなどの場合は、その世界観を伝えることが重要になるので、その際は一定の装飾を施して演出感を創出してもいいでしょう。

✕ 過剰に装飾されて伝わりにくい資料

文字に影がついていたり、グラフが 3D になっていたり、画像の上に斜めの黒い線が入っていたり、一見するとお洒落な資料に見える。しかし、伝わりやすさでいうと、過剰に装飾されて情報量が多く「伝わらない」資料といえる。

◯ 「シンプル」で「すっきり」した伝わりやすい資料

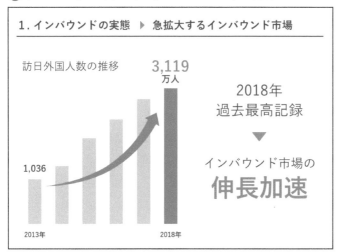

✕例のスライドと比べると、過剰な装飾がない全体的にシンプルですっきりした見栄えのスライド。伝わりやすいかどうかという観点でいえば、こちらのスライドに軍配があがる。

プレゼン資料はトークの
ポイントだけを表現する

　プレゼン資料を作っていると、「あれも話したい！」「これも伝えなきゃ！」という意識が働いて、どんどん情報を盛り込みたくなりますが、そうするとスライドが情報で溢れて、大切なメッセージが伝わらない資料になってしまいます。

　プレゼン資料はあくまで「トークの視覚的なサポート役」なので、主役である「トーク」の伝えたい部分だけを表現します。情報量としては「1枚のスライドで、1つの主張、1つの伝えたいメッセージ」が目安になるので、情報の絞り込みが必須です。

　そのため、プレゼン資料では伝えたい情報の取捨選択がとても重要になります。特に重要なのは「捨」です。今回のプレゼンでは何を伝え、次のアクションとして何を行ってもらいたいのか、聞き手に伝えるべきポイントのみをプレゼン資料で表現し、それ以外の情報はバッサリと捨てる必要があります。

　伝えたいこと以外の情報を削除すると、スライドに余白が増えます。この余白をなくすために画像やイラストなどを入れる人がよくいますが、伝わるプレゼン資料にするためには適度な余白が必須です。

　私もさまざまなデザイン制作を行うことが多いですが、その際頭の中の8割以上を「余白をいかに確保するか」が占めています。それほど余白は重要なポイントです。

　伝わるプレゼン資料を作成するうえで、余白は友達であり、情報を絞り込むことで生じる余白を怖がるより、「余計な情報が入っていること」を怖がるべきでしょう。

POINT ───────────

プレゼン資料に限らず、ビジネスシーンで作成されるあらゆる資料・媒体物のデザインにおいて「余白」は非常に重要な要素。余白はデザインのベースとなるものと考えましょう。

✕ 情報が多くトークのポイントがわからない資料

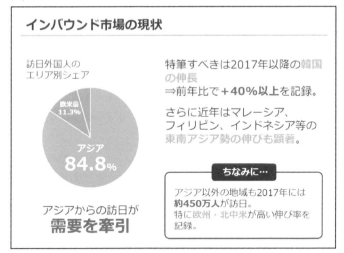

「アジアからの訪日が需要を牽引」というトークのポイントのほかに、補足説明や関連情報などが入っており、情報が絞り込まれていないため、最も伝えたいことがわかりにくい。

◯ 情報が絞り込まれてトークのポイントが明確な資料

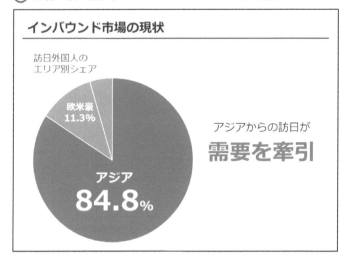

「捨」を強く意識して情報の取捨選択することで、「アジアからの訪日が需要を牽引」というトークのポイントが伝わる資料になる。また、「捨」を行うと余白を生み出し、スライド全体がすっきりとする。

省いた情報は
配布資料にまとめる

　情報の取捨選択を行った結果、主張の背景や細部、関連情報など、やむを得ず省いた情報も出てきます。そういった情報はプレゼン資料ではなく配布資料に記載しましょう。

　質疑でそれら関連情報などに関して質問が出た場合には、その配布資料を見てもらいながら応答すれば OK です。このように、プレゼン資料では自身の主張を端的に示し、配布資料でその周辺を補うという形にすると、資料全体として非常に厚みが出て、プレゼンの印象もよくなります。

●配布資料でプレゼンの背景細部や関連情報をまとめる

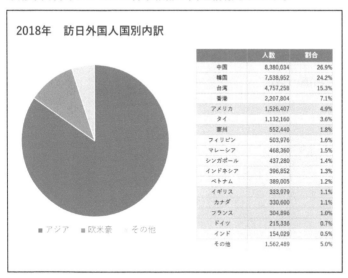

配布資料の例。今回のプレゼン内容には直接的に関係ないものの、聞き手にとっては気になるような内容（ヒアリング調査における少数派意見の詳細、グラフ内で一部見受けられる異常値の原因、関連データなど）を配布資料で網羅する。

06 ［配布資料の大前提］
プレゼン資料は配らず
配布資料を配る

　よく投影するプレゼン資料をそのまま配布しているケースが散見されますが、これはNG。プレゼン資料をそのまま配ると、聞き手は手元の資料ばかり見て、トークを聞かなくなってしまうからです。トークは主張や考えを伝えるだけでなく、平面的な資料からは決して伝えられないプレゼンターの熱意や想いを届ける「プレゼンの主役」なので、これが置き去りになってはいけません。

　前述のとおり、そもそも配布資料はプレゼン資料に載せられなかった詳細データや関連情報を補ったり、後日どんなプレゼン内容だったのかを振り返ったりするためにあります。配布資料が必要なときは投影用のプレゼン資料とは別に用意しましょう。

　また、配布資料を配るタイミングはプレゼン終了後がおすすめ。プレゼン前に配布してしまうと、聞き手が手元の資料に気を取られてトークに集中できなくなるからです。プレゼンの最初に「今回お話しする内容の詳細データや関連情報につきましては、本日の最後にお配りする資料に記載しておりますので、まずはご提案（発表）内容をお聞きいただけましたら幸いです」など、聞き手に配布資料があることを伝えたうえで、プレゼン後に配るといいでしょう。

　もし、聞き手から要望があった場合など、事前にどうしても何か配らないといけない場合は、プレゼン内容のサマリー（ポイントの要約）を1～2枚用意して、それを配るだけにしましょう。こうすることで、メモを取りたいといったニーズにも対応できます。

POINT ―――――――――――――――――――――――――――――

レクチャー系のプレゼン（講義、セミナーなど）の場合は、聞き手が各スライドに合わせてメモを取らないと理解しづらいこともあります。その場合は例外として、プレゼン資料をベースに、さらにポイントなどを加筆した資料を配布してあげてもOKです。

プレゼン資料の構成要素と役割を意識して作る

　プレゼンの内容をよりわかりやすく伝えるためには、プレゼン資料の構成要素とそれぞれの役割を理解することも重要です。一般的なプレゼン資料の構成要素は「①表紙→②目次→③本編→④中表紙→⑤本編→⑥まとめ」が基本形になります。研修やセミナーなどのレクチャー系のプレゼンの場合は、目次の前に「目標（レクチャー後に何ができるようになってもらいたいか）」を入れたほうがいいケースもあります。プレゼン内容や聞き手、発表時間の違いなどによって構成が変わることもありますが、ベーシックな形としてこの構成要素と流れは覚えておきましょう。

●プレゼン資料の構成要素と役割

表紙
- ●プレゼン内容の大枠を伝える（25 ページで解説）

目次
- ●プレゼンの全体像を示す（26 ページで解説）

本編
- ●プレゼン内容の詳細（自身の主張など）を伝える（Chapter2 で解説）

中表紙
- ●プレゼンの現在地（今、何を話しているのか）を示す（26 ページで解説）

まとめ
- ●主張の再掲・プレゼン内容を振り返る（27 ページで解説）

POINT

発表時間が長いプレゼンの場合は、聞き手が「今、何の話をしているのか」わからなくなることがあるので、全体像を伝える目次と現在地を伝える中表紙が特に重要になります。

08 ［表紙］

表紙でプレゼン内容を
イメージしてもらう

　プレゼン資料の表紙は、聞き手に対して「プレゼン内容の大枠を伝える」ためにあります。人は何が話されるのかまったくわからない状態で聞くよりも、最初に「どのようなことが話されるのか」をぼんやりでもイメージ（＝推測）できてから聞いたほうが、内容を理解しやすくなります。そのため、表紙ではプレゼンの内容を情報整理（＝いつ、誰が、誰に、何を伝えるのかなど）をして見せることが大切です。

　特に新規顧客相手の営業場面などでは、聞き手が提案内容に対して予備知識などをまったく持っていないケースもあるので、表紙でしっかり内容のイメージをつかんでもらうために、画像などを配置してビジュアルでもプレゼンの内容を伝えるようにしましょう。

●プレゼンの内容がイメージできるような表紙

旅の写真共有アプリ
「TABEE for Tablet」
ご提案

■■■株式会社　御中

2020年1月14日
株式会社トリッジ

表紙では、プレゼンの内容がひと目でわかるように、ターゲットやタイトルを明確に表すのが大切。また、画像やイラストを入れることで、プレゼンの内容をよりイメージしやすい表紙になる。

目次は全体像、
中表紙は現在地を示す

　目次と中表紙は聞き手の「頭の整理整頓」を手助けするうえで重要な存在です。なぜなら、聞き手は目次や中表紙を通して、「このプレゼンは全体としてどんな話がされるのか（＝全体像）」や「今、何を話しているのか（＝現在地）」を理解できるからです。

　こうした目次と中表紙の役割は、聞き手の集中力が散漫になりがちな長時間のプレゼンやスライド枚数が多いプレゼンなどで効果を発揮します。聞き手は目次や中表紙で全体像や現在地を把握できるようになるので、頭の中が整理され、プレゼンに対する理解が非常に深まります。

●目次は「全体像」を示す

目　次
1. インバウンド市場の現状
2. 地方インバウンドの問題点と課題
3. 「Hello! Local Japan」のご提案
4. サービス導入のメリット
5. サービス導入事例
6. 実現したい未来

目次スライドの例。プレゼンの全体像がわかるように表紙の次に挿入する。目次を作成する際はほかのスライドと同様に過剰な装飾は避けてシンプルにする。

●中表紙は「現在地」を示す

目　次
1. インバウンド市場の現状
2. 地方インバウンドの問題点と課題
3. 「Hello! Local Japan」のご提案
4. サービス導入のメリット
5. サービス導入事例
6. 実現したい未来

中表紙スライドの例。項目の冒頭に挿入する。目次スライドをもとに作成すると効果的。

10 [最後のスライド]

スライドは「まとめ」で締める

よくプレゼンの一番最後に見かける「ご静聴ありがとうございました」と書かれたスライドは不要です。「ありがとう」の気持ちはトークで伝えましょう。では、最後はどんなスライドを用意すればいいのでしょうか。

そのときにぜひ考えたいのは聞き手は何を求めているのかです。聞き手は、プレゼン後に質疑応答があるので、そのときの質問のポイントを思い出したいはず。そのため最後はプレゼンのまとめを1スライド作りましょう。そうすることで、質問のネタを探しやすくなります。プレゼンは、どんなときも聞き手の目線で考えることがとても大切です。

✕ 「ご静聴ありがとうございました」はいらない

ご清聴ありがとうございました

聞き手が質疑応答に備えてプレゼン内容を振り返りたいと考えたとき、「ご清聴ありがとうございました」が映されていると、振り返りがしづらく、質問のネタを探しづらくなる。

◯ プレゼンのまとめを表示

本日のまとめ

➢ 地方部への訪問少

➢ 訪日外国人のニーズ把握必須

➢ 弊社サービスなら課題解決可能

聞き手が質問しようと思っていた内容を忘れてしまったとき、まとめのスライドがあれば、思い出すきっかけにもなる。

11 ［プレゼンの大前提］
外来語や業界用語、社内用語は使わない

プレゼンにおいては「言葉選び」にも注意が必要です。業界用語や自社でしか通用しない略称は、まったく通じないこともあるので、使用するのは控えましょう。

また、よくやってしまいがちなのは外来語の多用です。たとえば、「シルバーエイジ」「ディヴィジョン」「キャッチアップ」などはビジネスの会話ではよく聞かれる言い回しですが、実際のところ、このような外来語はわかりにくいケースが多いものです。そのため、「シルバーエイジ」→「高齢者」、「ディヴィジョン」→「部署」、「キャッチアップ」→「追いつく（あとで収集・把握する）」のように、誰が聞いても一瞬で理解できる言葉で表現しましょう。

●わかりづらい外来語の主な例

✕	○
ディビジョン	➡ 部署
モニタリング	➡ 点検
ダイバーシティ	➡ 多様性
コミット	➡ 目標に対して責任を持つ
アサイン	➡ 割り当てる・任命する
フィックス	➡ 固定する・決定する
アジェンダ	➡ 予定表・議題
タスク	➡ 課題・任務
スキーム	➡ 枠組みを伴った計画
ハレーション	➡ 悪影響を及ぼす
コストリダクション	➡ 費用削減
ドラフト	➡ 下書き・草案
コンセンサス	➡ 全員の意見の一致
エスカレーション	➡ 上位への伝達
ペライチ	➡ 紙一枚の

✕ **外来語を多用したわかりにくい資料**

エラー発生時における対応のポイント

---

1. エラー発生後のスピーディーな
   エスカレーション

2. 各ディヴィジョンにおける
   タスクの再確認・実行

3. 定期的な**モニタリング**と
   改善に向けた**スキームの構築**

外来語や業界用語ばかりだとそれらの言葉を聞き慣れた人しか理解できないプレゼンになってしまう。

○ **誰が見てもわかりやすい言葉で表現された資料**

エラー対応のポイント

---

1. エラー発生後の迅速な
   上司への報告・相談

2. 各部署における
   任務の再確認・実行

3. 定期的な**監視・点検**と
   改善に向けた枠組み・計画の構築

コミュニケーションでは「意図やメッセージを正確に伝える」のが大切。外来語を使うよりも、日本語を使えば、誰が見ても理解しやすくなる。ただし、漢字や日本語にすることでかえってわかりづらくなったり、堅苦しい雰囲気になったりすることもあるので、ターゲットに応じて臨機応変に対応する。

プレゼン資料にも生かせる 「マジックナンバー3」

「マジックナンバー3」という言葉をご存知ですか？

これは「3つの情報は記憶しやすい」というセオリーです。脳は一度に4つ以上の情報は記憶しにくく、3つまでがいいといわれています。そのためかどうかはわかりませんが、世界三大料理、御三家、心・技・体……など、実際に昔から「3」という数字はさまざまな事柄や言いまわしで使われています。

このマジックナンバー3はプレゼンでも有効です。伝えたいことを3つに絞る、3つの理由を説明する、3つのメリットを話すなど、「3」という数字を意識すると、聞き手の記憶にも残りやすくなります。ぜひこの点も考慮してプレゼン資料を作成してみましょう。

情報を3つに絞って載せると印象に残りやすい。

Chapter 2

伝わる作り方の
セオリー

01 ［プレゼン資料作りの大前提］
作り始める前に
全体構成を考える

プレゼン資料を作る際、どのような手順で進めていますか？　多くの人はいきなり作り始めているのではないでしょうか。何も考えずにプレゼン資料を作ってしまうと、話が横道にそれたり、ロジックが飛躍してわかりにくくなってしまったりすることが多いため、おすすめできません。

そのような事態を招かないために、今回のプレゼンのゴールとトーク展開を先に考えておきましょう。ゴールとは、「聞き手に伝えたいこと」や「聞き手に促すアクション」で、トーク展開とは、「ゴールに至るまでの道筋」のことです。

私はこれらを「全体構成」と呼んでいますが、これを最初に固めておくことがとても重要です。闇雲にPowerPointを動かし始めるのではなく、まずは頭を動かす。伝わるプレゼン資料作りは、ここから始まります。

これは私の持論ですが、プレゼン資料作りは料理に似ています。たとえば、美味しい料理はどんな手順で作りますか？　①まずはメニューを決めてレシピを用意し、②次にレシピを見て必要な食材を揃えて、③それらをフライパンなどで調理し、④味見をして完成。大体はこんな手順になります。

では、プレゼン資料作りにおいて「PowerPointを動かす」というのは、料理の工程でいえばどれに当たるでしょうか。答えは「③」です。

多くの人がいきなりPowerPointで資料を作り始めてしまいますが、これを料理に置き換えれば、メニューを決めずレシピや食材も揃えずいきなりフライパンを握っている状態です。これでは美味しい料理ができるはずありません。

資料作りにおいても料理と同じように下準備が大切です。最初に頭を動かしてメニューを作ってレシピを用意し（＝全体構成）、レシピをもとに必要な食材（＝トーク原稿、データ集め）を用意してから、調理を始める（＝PowerPointを動かす）。こうすれば、自ずと美味しい料理（＝わかりやすい資料）が作れるようになるわけです。

●プレゼン資料は闇雲に作り始めてもうまくいかない

①	②	③	④	⑤	⑥	⑦	⑧	⑨
パワポを開く	スライドを作る	データ集めなど	情報追加	スライド追加	修正・辻褄合わせ	ヤバい……	完成……	NO！

上の工程のように、下準備もせずにプレゼン資料を作り始めると、本来は下準備で行うデータ集めなどを資料を作り始めてから行うことになり、それに伴ってスライドの修正や追加していくという後手後手の作業工程になってしまう。これでは資料作りはうまくいかない。

●プレゼン資料の作成と料理は似ている

料理の工程

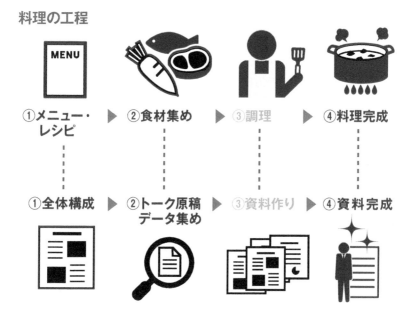

①メニュー・レシピ ▶ ②食材集め ▶ ③調理 ▶ ④料理完成

①全体構成 ▶ ②トーク原稿 データ集め ▶ ③資料作り ▶ ④資料完成

プレゼン資料の工程

「プレゼン資料作り」は料理でいうと調理の工程に当たる。料理で大切なのは下準備だといわれているように、プレゼン資料作りにおいても全体構成やトーク原稿の用意など下準備が大切。

プレゼン資料作りの
作業工程を知る

　では、実際にどのようにプレゼン資料を作っていけばいいのか、具体的な
おすすめのステップを示すと、下の図のようになります。このステップの中
でも特に重要となるのが①〜③です。

　32〜33ページで、プレゼン資料作りにおいては「最初に全体構成を固め
ることが大切」と解説しましたが、この①〜③がその作業に当たります。そ
して、この作業を終えたら、④実際にプレゼンで話すトークの原稿を書き上
げ、その後に⑤トークに出てくる必要なデータだけを集めてきます。ここま
での作業が終わると、プレゼン資料を作るためのレシピと食材（＝プレゼン
資料を作るための材料）が集まったことになるので、そこから⑥スライドを
作り始めます。

　このように、下準備がちゃんとできていれば、どんなスライドを作ればい
いかもわかっているはずですし、必要なデータもすべて揃っているので、わ
かりやすいプレゼン資料を効率的に作れるようになります。次ページから、
この作業工程を例に、それぞれの作業のポイントを具体的に見ていきます。

●プレゼン資料作りの効率的な作業工程

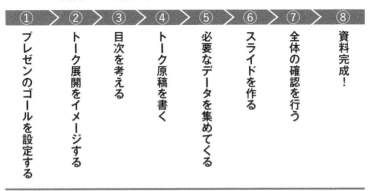

① プレゼンのゴールを設定する　② トーク展開をイメージする　③ 目次を考える　④ トーク原稿を書く　⑤ 必要なデータを集めてくる　⑥ スライドを作る　⑦ 全体の確認を行う　⑧ 資料完成！

33ページの作業工程とは違って、上の工程のようにプレゼンのゴール設定からデータ集めま
で、しっかり下準備を行ってからプレゼン資料を作り始めるのが効率のいい作業工程といえる。

03 ［ プレゼン資料作りの作業工程 ］

最も伝えたいことを
ゴールに設定する

　全体構成を考えるにあたり、最初に行うことはゴールの設定です。

　たとえば、社内の業務改善プロジェクトについて役員にプレゼンするなら、「現状の問題点を認識してもらうこと」までがゴールなのか、それとも「解決策実施の決裁をもらうこと」までをゴールとするのか、ゴールもそれぞれです。このゴールをどう設定するかによって、トークの内容と展開、つまり、ゴールに到達するまでの道筋が変わるので、とても重要なステップになります。

　プレゼンで伝えたいことや主張を明確にしておかないと、実際に話していくトークの展開も問題提起から入るべきか、それとも事象の説明から入るべきかなど、イメージしづらくなります。適切にトークを展開するためにも、プレゼンで最も伝えたいことをプレゼン資料のゴールに設定しましょう。

●ゴールを設定しないとトークの展開が決まらない

ゴール設定の主な例

- ●伝えたい自分の主張
- ●聞き手に起こしてほしいリアクション
- ●新規プロジェクトや新商品の提案

　　etc...

トーク展開の主な例

- ●問題提起……今現在抱えている問題の提示する
- ●事象の説明……あるできごとを提示する
- ●エピソード……実際の体験談を話す

　　etc...

上記で挙げているようなゴールを決めてからトーク展開を考える。トーク展開はゴール設定によって変わるので、トーク展開を考えるうえでもゴール設定は先決。

トーク展開は
ゴールを意識して考える

　プレゼンのゴールを設定できたら、次は「トーク展開をイメージする」ステップに移ります。慣れないうちはトーク展開をなかなかイメージしづらいものですが、そんなときは「問題提起型」と「共感型」のどちらかに当てはめてみましょう。

　「問題提起型」では、「What：何が問題なのか（問題提起）」、「Why：なぜその問題が起きているのか（原因究明）」、「How：どのようにその問題を解決するのか（解決策提示）」の3つを順序立てて伝えていきます。説得力のある展開にしやすいパターンです。

　たとえば、社内の業務改善プロジェクトで「役員から施策実施の決裁をもらうこと」をゴールとしたプレゼンを行うとします。その場合は、①問題：顧客からのクレームの増加→②原因：経験豊かなベテラン社員の退職→③解決策：顧客対応の好事例をマニュアル化→④効果：対応スピードや顧客満足度向上、というような大まかなトーク展開がイメージできます。

　一方、「共感型」は聞き手がプレゼンを「自分ゴト化」できるような「エピソード」から始めます。そして、エピソードを「信頼」してもらうための裏付けとなるデータを示し、論理的なつながりを意識しつつ、そのデータから導き出される結論や主張を伝えて、「納得」してもらう展開にします。

　たとえば、自治体に対して「訪日外国人を誘客するために、当社サービスを利用してもらいたい」というゴール設定のプレゼンを行うとします。その場合は、①共感：他自治体の誘客施策の失敗エピソードを話す→②信頼：失敗の原因を裏付けるデータを提示→③納得：当社誘客サービスの実績やメリットなどの優位性をアピール→④決定：サービス導入効果を示して決定を促す、という大まかな流れがイメージできます。

●問題提起型

問題提起型は非常にロジカルな展開になっており、①問題提起から始まり、②次にその原因を話したうえで、③解決策を提示し、④効果予測に入っていくパターン。問題を提起して聞き手を説得するトーク展開なので汎用性が高く、さまざまなプレゼンに活かせる。

●共感型

共感型は①まず実際に体験したエピソードなどを話して共感を呼び、②次にそのエピソードに関連したデータを示して内容を信頼してもらい、③そしてそのデータから導き出される結論や主張を伝えることで納得してもらい、④最後にまとめに入っていく、という流れになる。聞き手が「自分ゴト化」できるようなエピソードが必要など、問題提起型に比べると一工夫が必要なトーク展開。

POINT

●必ずしもこのトーク展開にしなければならないというわけではありません。この2つのトーク展開を参考にプレゼンのゴールが伝わりやすいトーク展開を考えてみましょう。

背景・主張・理由・具体例を
盛り込んだ目次を考える

　トーク展開を考えたら、次はそのトーク展開を具体化するために「目次を考える」という作業を行い、全体構成を完成させます。たとえば目次をExcelなどで作成するなら、一番左の列に「トーク展開」、その右隣の列に「話すべき内容」などの項目を設け、プレゼン内容を細分化して一覧にしていきます。この内容がある程度細分化できれば、1つ1つのセルに書いた「話すべき内容」を、そのまま各スライド1枚の内容に割り当てることができるので、この時点で「今後どのようなデータを集めてくればいいのか」「これからどんなスライドを何枚作ればいいのか」が明確になります。

　また、目次でトーク展開を具体化する際は、「背景」「主張」「理由」「具体例」を可能な限り盛り込みましょう。どんな事情があって（＝背景）、何を伝えたいのか（＝主張）、なぜそう考えるのか（＝理由）、その考えに至る過程でこんなことがあった（＝具体例）、の4つを盛り込めると、全体の説得力がグンとアップします。これは聞き手の理解が生まれやすくなるトークフレームとして知られる「PREP法」をベースに、私が少しアレンジして抽出したポイントです。話すべき要素が網羅されているかをチェックする際に参考にしてみましょう。「背景・主張・理由・具体例」のチェックが終わると全体構成は完成です。トーク展開、各スライドで何を話すのかがすべてわかっているので、さらにもし時間に余裕がある場合は、実際にスライドを作るときに備えて章タイトルや各スライドのタイトルまでこの時点で検討を進めてもいいでしょう。

● **目次に盛り込むべき4つのポイント**

背　　景……自分の主張に至った理由
主　　張……聞き手に対して一番伝えたいメッセージ
理　　由……メッセージを伝えたい理由
具体例……主張や理由を補足する事例や具体例

●トーク展開に沿った目次案をまとめる

トーク展開	話したいこと・話すべきこと	チェック	章タイトル	スライドタイトル	見出し
ゴール	地方自治体における外国人誘客の促進 →そのために弊社サービス「Hello! Local Japan」を利用してもらいたい	―	―	―	―
問題提起 ↓ 地方部には 訪日外国人は 訪れていない	自治体は税収が減り続けている →外貨（セインバウンド需要の取り込み）の獲得は必須	背景	インバウンドの実態	財政危機に陥る自治体	地方債の残高推移
	訪日外国人数は2013年からの6年間で約3倍（3,000万人超）に	背景		急拡大するインバウンド市場	訪日外国人数の推移
	インバウンドの盛り上がりをさらに加速させている例：2020年オリンピック、2025年大阪万博	具体例		急拡大するインバウンド市場	ビッグイベントの開催
	が、実際には盛り上がっているのは一部の地域のみ。外国人が訪れている場所には偏りがある →地方部にはあまり訪れていない	背景		インバウンドの問題点	地方部への訪問少
	トップ4（東京、大阪、千葉、京都）以外は訪問率約10%以下	具体例		インバウンドの問題点	都道府県別訪問率トップ10
原因究明 ↓ 地方部の 対策不足	エリア単位・圧倒的な訪日外国人の特徴や嗜好が理解できていない	理由	3つの「不足」	①訪日外国人の特徴・嗜好の理解不足
	①自地域の観光資源を把握できていない	理由		3つの「不足」	②観光資源の把握不足
	日本人にウケるものはわかっているものの、外国人にウケるのかウケるのかわかっていない	理由			
	ファムトリップ（インフルエンサーマーケティング）の失敗例	具体例		3つの「不足」	失敗例
	①魅力に気づかれていない →自地域の魅力を届ければ良いかの方法もわかっていない	理由		3つの「不足」	③訪日外国人に対するPR不足
解決策 ↓ 弊社サービス 利用による メリット	国ごとのニーズの違い等を強み取り、そこから生み出されている訪日外国人が求めていることを具体的に掴む必要がある	主張	弊社サービスのご提案	地方部がチャンスを掴むためには？	①訪日外国人のニーズ把握
	外国人にとっての「魅力」を掘り起こす（探す）必要がある	主張		地方部がチャンスを掴むためには？	②観光資源の発掘
	地方部にも多くの魅力が溢れていることに気づいてもらう必要がある	主張		地方部がチャンスを掴むためには？	③地方部の魅力の認知促進
	新潟県○○村の成功例「田畑え体験」の紹介	具体例		地方部がチャンスを掴むためには？	地方インバウンド成功例
	そのためのツールとして「Hello! Local Japan」を提案	主張		「Hello! Local Japan」	―
	「Hello! Local Japan」の仕組み・全体構造	主張		「Hello! Local Japan」	仕組み・全体構造
	UIの解説	主張		「Hello! Local Japan」	画面・操作性の特徴
	「Hello! Local Japan」のサービスの特徴	主張		「Hello! Local Japan」	サービスの特徴
	競合サービスとの違い	主張		「Hello! Local Japan」	他サービスとの違い
	具体的な利用例・イメージ	主張		「Hello! Local Japan」	利用イメージ
効果 ↓ 期待される 誘客効果	「度障対応」を通じて、具体的なニーズ・嗜好を掴むことができる	主張	期待される効果	①具体的なニーズの把握
	自地域に眠っていた新たな魅力や観光資源に気づくことができる	主張		新たな魅力・資源への「気づき」
	訪日在外国人に対して自地域の魅力等を直接PRすることができる →「閲覧な情報発信」から「伝えたい情報を、伝えたい人に」	主張		③地域の魅力を直接PR
	他社サービス「Hello! Local Japan」のメリデメリ比較図	主張		メリットの比較
まとめ	インバウンド需要の取り込みができれば、税収増、新たな雇用の創出、住民増などの効果が期待でき、「街の再生」がここから始まる。	明るい未来		インバウンドから始まる「街の再生」

❶　　　　　❷　　　　　❺　　　　❸　　　　　　❹

上の表は問題提起型のトーク展開に沿った目次を Excel で表にまとめたもの。このように目次を考える際は Excel などで表にすると整理しやすい。

トーク展開（❶）に沿って、「話すべきこと」（❷）を端的に表し、プレゼン内容（❸❹）を一覧化する。その後、1 セルごとの「話すべき内容」が、それぞれ「背景・主張・理由・具体例」のどれに当てはまっているかをチェックしていき（❺）、もし 4 つの要素のうち 1 つでも漏れていれば再度「話すべき内容」を整理し直し、全体構成の精度を高めていく。

POINT

● PREP 法とは、文書やプレゼンなどにおける構成方法の 1 つで「要点→理由→具体例→要点」という構成に当てはめると簡潔に要点をまとめ説得力を生み出せるといわれています。

全体構成を
チームで共有する

　ここまで解説してきた資料作りのステップを進めていくと、プレゼン資料を作るための下準備が整います。実際に作業を進めていく際は、34ページで解説した全体構成のステップ①〜③を作り終わった段階で、一度上司（または同じチームメンバー）に確認してもらうといいでしょう。そうすることで、もしプレゼン内容が上司の考えと違っていたとしても、この段階で修正指示をもらえればトーク展開や目次の手直しだけで済むからです。

　トーク展開と目次だけなら文字を書き換えるだけなので簡単に修正できますが、プレゼン資料を作り終わった段階で「イメージと違うから作り直してくれ」と言われると、スライドの大幅な手直しが必要になり、かなりの時間と労力を消費します。事前に全体構成が固まった段階でイメージの共有をしておくことも、今後の作業効率を高めるうえで大切です。

●全体構成ができたら上司やチームで共有

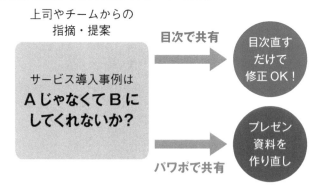

プレゼン資料が完成してから上司やチームメンバーと共有すると、手直しが生じたときに手間がかかるので、構成の段階で共有する。

07 ［資料作りの作業工程］
トーク原稿作りとデータ集めは
全体構成をベースに行う

　34ページのステップ①〜③（プレゼンのゴールを設定する、トーク展開をイメージする、目次を考える）で全体構成を作ったら、あとは「④トーク原稿を書く」と「⑤必要なデータを集めてくる」の作業を行います。これらも全体構成をもとに準備しましょう。

　まずはトーク展開と目次を見ながら、発表用のトーク原稿を書いていきます。書きやすい、話しやすいスタイルで書きましょう。それが終わったら、今度は資料を作るために必要なデータを集めていきます。

●目次をベースにトーク原稿を作る

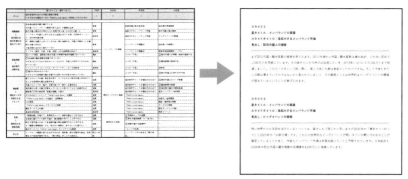

トーク原稿はExcelで作った全体構成をもとに自分が書きやすいスタイルで書いてOK。その後目次とトーク原稿をベースに必要なデータを集める。

POINT

●データ集めは社内の調査分析・統計資料から抽出したり国の各省庁（総務省統計局：https://www.stat.go.jp/data/　など）が公開しているデータを参考にしたり、トーク内容によって集め方は多岐に渡ります。

プレゼン資料の
スライドの適正な枚数は？

　私がセミナーで資料作りのレクチャーをしているときによく聞かれるのが、「プレゼン資料のスライドの枚数は、何枚がベストですか？」という質問です。いろいろな考え方がありますが、私はいつも「何枚でも OK です」と答えています。これは、一番伝わるようにしっかり考えて作った結果、仮にスライドの枚数が 10 枚だったらそれがベストだろう、という考え方です。私の知るところでは、実際にある有名なアートディレクターの方が、10 分間の提案プレゼンで資料を 100 枚以上用意し、見事競合に勝って案件を受託されていました。

　このケースはあくまで一例でしかありませんが、プレゼンではスライドの枚数よりも内容がわかりやすいか、伝わりやすいかを一番大切にすべきということでしょう。

　プレゼンにおいて、スライドの枚数を気にして必要なスライドを削除する、または不要なスライドを追加することがあってはなりません。そのためあまりスライド枚数に縛られずに、プレゼンのゴール（伝えたいこと）とわかりやすさを意識して作るといいでしょう。

Chapter 3

伝わるレイアウトの
セオリー

01 ［ 絶対原則 ］
レイアウトの「絶対原則」
５つのルール

プレゼン資料のわかりやすさを高めるうえで情報整理は必須です。その際に絶対外せない要素として「レイアウト」があります。レイアウトは美的センスがないとダメとよく思われますが、これは完全に誤解です。わかりやすいレイアウトにもセオリー、「絶対原則」が存在します。これを知っているかがプレゼン資料が伝わるかどうかの大きな分かれ道であり、そこに美的センスは関係ありません。

プロのデザイナーはその絶対原則を押さえてレイアウトしているので、伝わりやすいデザインを生み出せるわけです。

では、その絶対原則とは何なのか。それは①余白、②揃える、③近づける・遠ざける、④繰り返す、⑤ギャップを作るの５つです。その絶対原則を次ページから解説していきます。

●プロのデザイナーも押さえているレイアウトの絶対原則

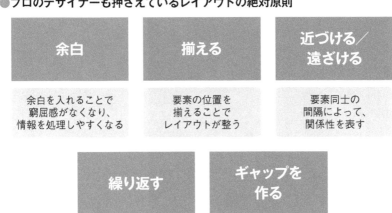

この５つの原則を押さえるだけで、プレゼン資料のレイアウトはわかりやすくなり見映えもよくなる。

02 ［余白］
余白をしっかり
確保する

　　わかりやすいレイアウトにするための絶対原則で最も重要なものは「余白」です。余白は必ず確保しましょう。テキスト、図形、グラフなど、スライドを構成するオブジェクト同士はもちろん、プレゼン資料の全ページを通じて同じぐらいの余白を確保することが大切です。余白はレイアウトの絶対原則の中でも大前提となるものです。余白をしっかり確保しないとほかの絶対原則を使いこなしたとしても、わかりやすいレイアウトには絶対になりません。

●テキストは単語、グラフも情報を絞って余白を確保

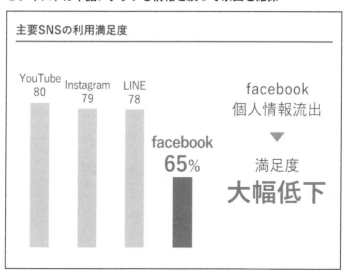

テキストは文章ではなく極力単語で表現し、グラフも必要最低限の情報のみに絞ることで、余白を大きくとることができる。

POINT ─────────────
●オブジェクトとはパソコン上で操作や処理の対象物のことを指す言葉で、PowerPoint では図形、テキスト、グラフといったスライドを構成する要素のことを指します。

✕ 余白を確保していない資料

ターゲット ▶ ミレニアル世代の旅行トレンド

 モバイルブッキングでの宿泊先・レストラン予約
その高い利便性からスマートフォンで情報収集や旅券・宿泊先・レストラン等の予約を行うという消費行動が急増。

 宿泊先はホテル利用より「民泊」
民泊を利用している訪日外国人の割合が、旅館を利用している訪日外国人の割合にまで接近。民泊需要が大幅に増加。

OTA（Online Travel Agent）を活用
OTA（Online Travel Agent＝インターネット上だけで取引を行う旅行会社）の高い利便性が若い世代に急速に浸透。

 チャット・SNSの活用による情報収集
海外ではチャット・SNSがポータルサイトのように機能し、情報収集が行われる。ミレニアル世代ではその傾向が顕著。

スライド全体がオブジェクトで埋められており、余白がないため窮屈さを感じる。人間はこれらの情報を素早く把握・認識できないため「わかりにくい」と判断する。

◯ 余白を確保している資料

ターゲット ▶ ミレニアル世代の旅行トレンド

モバイルブッキング　OTA活用
民泊利用　SNS活用

テキストの量を減らして簡潔な表現にしたり、文字の囲みをなくすだけでも、自然と余白は生まれ始め、全体がすっきりする。

03 ［余白］
余白は意図的に
作り出す

余白に関しては、もう1つ重要なポイントがあります。それは「余白は意図的に作り出すもの」だということ。スペースが広く空いているとついオブジェクトをたくさん置きたくなって、余白がなくなりがちです。

余白は、オブジェクトを配置していった結果、意図せず残ったスペースであるとよく思われていますが、「意図的に作り出すもの」です。「余白を先にイメージして残ったスペースにオブジェクトを置く」くらい大胆な逆アプローチを意識して、余白を作り出しましょう。

PowerPointの場合、上下左右の余白の広さは、スライドサイズが4対3の場合、左右は「12.0」で、スライドサイズが16対9の場合は「16.0」、上は「8.5」、下は「8.3」を目安にするといいでしょう。下の余白は、上の余白よりも少し広めにとるとバランスよく見えます。

●意図的に余白を作っている資料

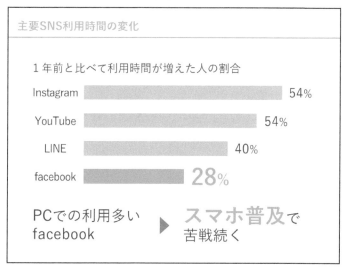

「どこに、どれだけ余白を作るか」を先にイメージしてから作り始めるのがポイント。

04 ［ガイド］
余白を作るための
ガイドを設定する

動画はコチラ
▼

https://dekiru.net/
pptpr_0304

45〜47ページでレイアウトには余白が大切だということを解説しました。PowerPointにはガイド機能があるので、上下左右に余白を確保するためのガイドをスライド上に設定します。レイアウトする際にはこのガイドを目安として余白を確保しましょう。

●ガイドを入れて余白を確保する

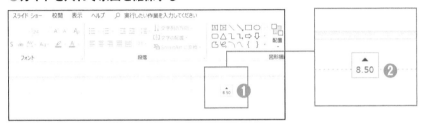

スライド上で右クリックして表示されるメニューの［グリッドとガイド］の▶にマウスポインターを合わせて、［ガイド］にチェックを入れるとガイドが表示される。ガイドをドラッグして、余白を作りたい位置に移動する（❶）。ドラッグすると数値が表示（❷）されるので、位置の目安にできる。

ガイドを上「8.5」、下「8.3」、左「16」、右「16」に設定したところ。

POINT

● ガイドを追加するには、[Ctrl] キーを押しながらガイドをドラッグします。
● ガイドの位置は、スライドの中央を「0」として、上下左右に移動したときに表示される数値は、0から測定したセンチメートルとなります。

オブジェクトを
水平・垂直に揃える

　レイアウトにおける「5つのルール」の2つめは「揃える」です。これはレイアウト内のテキストや図形などはサイズや位置を揃えて並べるということ。そのときに意識したいのは、「透明な線」です。

　オブジェクトを揃えて配置すると、感覚として、揃えたところに「透明な線」が何となく見えてくるはずです。「透明な線」が見えるように綺麗に揃えて配置することで、全体が整理されているように感じやすくなり、スライドに記された内容の把握・認識もスムーズになります。

●**テキストなどを水平・垂直に揃える**

```
┌─────────────────────────────────┐
│ SEO対策 ▶ "E-A-T"って、何？        │
│                                   │
│  Expertise          ┐             │
│  専門性             │  高品質      │
│                     │ コンテンツ   │
│  Authoritativeness  ├  必須要素    │
│  権威性             │             │
│                     │             │
│  TrustWorthiness    ┘             │
│  信頼性                            │
└─────────────────────────────────┘
                              ──── 透明な線
```

1本の透明な縦線を感じられるように配置するのがポイント。

POINT ─────

●オブジェクトを揃えるときは PowerPoint のスマートガイド機能を利用すると便利です。スライド上で右クリックして表示されるメニューの［グリッドとガイド］の［▶］にマウスポインターを合わせて［スマートガイド］をクリックして設定します。

✕ オブジェクトがバラバラに並べられている資料

訪日外国人の顧客属性

- リピーター
  - 地方部への高い関心
- 新たな出会いに対して寛容

レイアウト内のオブジェクトがバラバラに並べられていると、どういう意図で並べられているかを把握するのに手間取るため「見づらい！」と感じてしまう。また、この場合は2行目がインデントされているため、1行目の下位階層であるように認識される。

◯ オブジェクトの位置が揃っている資料

訪日外国人の顧客属性

- リピーター
- 地方部への高い関心
- 新たな出会いに対して寛容

行頭位置が揃っているとすべて同じ階層であることがわかる。

06 ［ オブジェクト ］
オブジェクトは
最初から整列させる

　オブジェクトは、最初から整列させて作成するのがおすすめです。そのためには、ガイドに沿って複製するのが最も簡単です。複製するには、[Ctrl] キーを押しながらオブジェクトをドラッグします。

●オブジェクトの配置を調整する

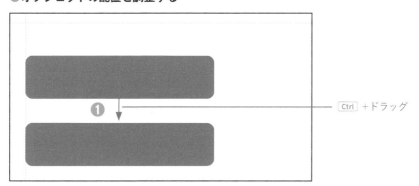

Ctrl +ドラッグ

オブジェクトを [Ctrl] キーを押しながらドラッグ（❶）する。オブジェクトは、自動的にガイドに吸着するので、この方法であれば少ない手間でオブジェクトを整列できる。

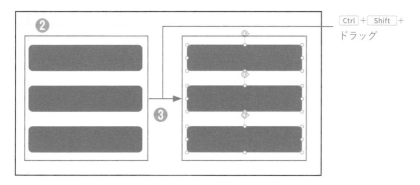

Ctrl + Shift +
ドラッグ

縦横に並ぶオブジェクトの縦位置と横位置を揃えたい場合は、最初に縦に整列させて（❷）、そのまま横方向に複製する（❸）。

視線を迷わせない
並べ方にする

　横書きの場合、人の視線は上から下、左から右へ動きます。この動きが迷わないように揃えて配置する必要があります。視線の迷いはオブジェクトがバラバラに置かれているために起こります。

　下の原則で表すように各オブジェクトがきちんと整列していれば、視線は迷わないはずです。揃っていると無意識のうちに「次にどこを見ればよいか」を瞬間的に察知できるわけです。このようにオブジェクトを揃えて配置し、視線の迷いをなくすことも、わかりやすさを高めるうえでとても大切です。

●**オブジェクトの並べ方の原則**

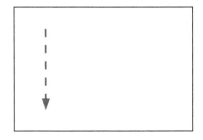

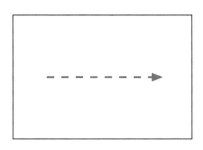

縦一列に並んでいる場合、上から下へ移動　　横一列に並んでいる場合、左から右へ移動

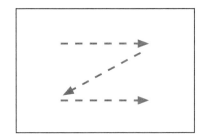

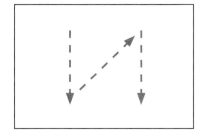

縦横2列の場合、「Z」方向か、「い」方向か迷う。そのため順列をつけるには向かない。
順列をつけたい場合はオブジェクトごとに番号を振るなどの工夫が必要。

✕ オブジェクトが揃っていない資料

コンテンツマーケティング施策　▶　実行内容

記事の内容設計
読者ターゲットの設定
目次の検討・記事執筆

キーワード選定
単一・複合キーワードの選定
キーワードプランナー等の利用

効果測定
指標（自然流入数等）の計測
ページの掲載順位確認
改善点の絞り込み

長期的な
運用必須

上のスライドはオブジェクトが不規則に配置されているので目線に迷いが生じる。

◯ オブジェクトが揃っている資料

コンテンツマーケティング施策　▶　実行内容

キーワード選定
単一・複合キーワードの選定
キーワードプランナー等の利用

記事の内容設計
読者ターゲットの設定
目次の検討・記事執筆

効果測定
指標（自然流入数等）の計測
ページの掲載順位確認
改善点の絞り込み

長期的な
運用必須

各テキストの左端が一直線に綺麗に揃っているので、「キーワード選定」から見始めて、意識しなくてもその後は下の「記事の内容設計」に視線が自然と移っていく。資料のわかりやすさを高めるうえでは、目線の迷いをなくすこともポイントになる。

複数の図形のサイズと
位置を一発で揃える

動画はコチラ
▼

https://dekiru.net/
pptpr_0308

　PowerPoint で図形などのオブジェクトの位置を揃えるには、［配置］機能がありますが、ここでは位置だけでなくサイズも一度に揃える機能を紹介します。ざっとラフとしてオブジェクトを並べてから、一括して調整したい場合などに便利です。

●図形の高さを設定する

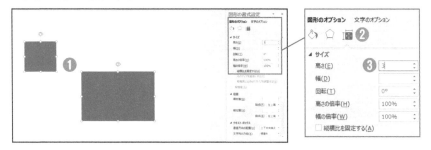

揃えたい図形をすべて選択して（❶）、［図形の書式設定］の［サイズとプロパティ］（❷）で［高さ］を設定。ここでは例として「3」と入力（❸）。

●図形の幅を設定する

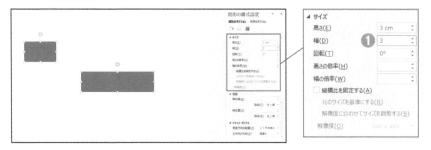

選択した図形の高さが「3」で揃ったことを確認し、同様にして［幅］を設定（❶）。

POINT

● ［サイズ］の［高さの倍率］、［幅の倍率］を設定すると、図形ごとの比率を保ったまま拡大縮小できます。

●図形の位置を揃える

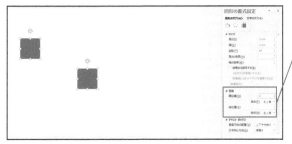

幅が「3」で揃った。横の位置を揃えるため、［横位置］に「3」と入力（❶）。縦の位置を揃えたいときは［縦位置］を設定する。

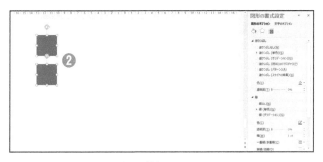

横の位置が揃ったことを確認（❷）。

POINT

- ●テキストボックスもこの機能を使ってサイズを設定できますが、テキストの量によってテキストがあふれたり、自動調整機能が有効の場合は文字サイズが変更されたりします。
- ●ここでは 2 つの図形を設定しましたが、3 つ以上の場合も同じように一括で変更できます。
- ●［位置］にある［始点］は、数値が「0」となる点のことです。横位置、縦位置それぞれ［左上隅］と［中央］を始点に設定でき、［左上隅］にした場合はスライドの左上隅が 0、中央にした場合はスライドの中央が 0 となります。

距離感で
関係性を示す

　人間は、近くに置かれているもの同士を無意識のうちに「仲間だ」と認識します。つまり、距離感で関係性を認識するということです。これが「5つのルール」3つめの「近づける、遠ざける」です。プレゼン資料を作る際も、各オブジェクトの関係性をしっかり伝えるために、どの見出しとテキストが仲間なのか、どの図形とテキストが仲間なのか、それぞれの距離感を意識して配置しましょう。

● **距離感で関係性を表す**

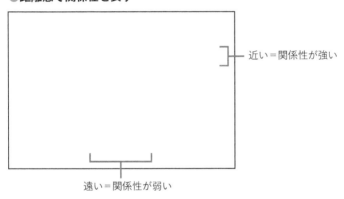

近い＝関係性が強い

遠い＝関係性が弱い

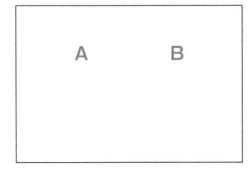

A は、下にある 2 つの図形も関係性が強く見えるが、B は下にある図形との関係性が弱く（仲間ではないように）見える。

10 ［オブジェクト］
特徴的なオブジェクトを繰り返す

　人間は何か特徴的なオブジェクトが繰り返し表示されていると、そこに一体感を感じます。この一体感によって「これはきちんと整理された情報だ」と判断しやすくなるわけです。これが「5つのルール」4つめの「繰り返す」です。「必ず同じ位置にページタイトルが書かれている」や「キーポイントの色はすべて青色になっている」など、特徴的な体裁を繰り返すことで資料に統一感が出ます。

✕ 統一感のない資料

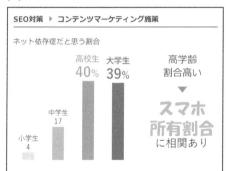

さまざまなフォントや色が使われていたり、見出しの太さがスライドごとに異なっていたりするなど、オブジェクトに統一感がないと、資料としてのまとまり感がなくなる。

○ 統一感のある資料

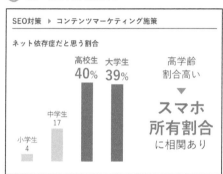

フォントを1種類に統一し、強調したい箇所の色を少なくするだけでも、資料として整然としたまとまり感が出る。見出しを入れる場合も、見出しの太さは全スライドで統一する。

プレゼン資料全体を
ひな型で統一する

　ヘッダー、ボディ、フッターの書式や位置を決めて、スライドのレイアウトをひな形化することでプレゼン資料全体に統一感が出ます。

　また、各スライドのメインとなるボディ部のレイアウトも3～5パターンくらい用意しておくと、全体の統一感が出てきます。ただし、あまりにパターンが少な過ぎると、全体的に単調な印象も受けてしまうので注意しましょう。

　ここで紹介するひな形はあくまで例ですが、これをベースとして、プレゼンの内容に応じて変更するといいでしょう。

●**基本的なひな形**

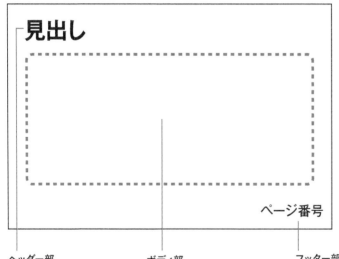

ヘッダー部
見出しの位置、フォントの書式といった PowerPoint の設定のほか、どんな内容を入れるかも決める。

ボディ部
見出しの内容を根拠づけるコンテンツを入れる。上下左右の余白も決めて、使用するフォントの種類、サイズも全体で統一する。

フッター部
「現在のページ番号／全体のページ数」のように、全体のうちの現在地がわかるようにするなどひな形化する。

●ボディ部分の主なひな型

商品を大きく見せたり大切なグラフを見せたりしたい場合に活用できるパターン。「図」の部分でビジュアル要素を大きく見せ、テキスト部分で説明する。

複数の商品を説明する場合などは、「図」に各商品イラストや写真、その下に商品説明を書き、横に並べる。

最も大切な主張を伝えたい場合は、シンプルに短いメッセージを載せてもよい。

POINT

●見出しやページ番号は必須ではありません。これらをなくして、その分余白を増やすのも１つのテクニックです。特にスライドの枚数が少ないときは見出しやページ番号の必要性は低いので、なくしてもよいでしょう。

見出しを
ひな形化する

スライドの見出しにスライドの内容を反映させると、見出しだけで内容を訴えることができるので、スライドの内容が伝わりやすくなります。たとえば、スライドの見出しを疑問形にすることで、聞き手はひと目で問題提起の内容だと理解できます。

●問題提起型の見出し（例）「外国人観光客は地方部に訪問している？」

疑問形で終わるようにすることで、スライドの内容が問題提起であることがひと目でわかるようになる。

●結論型の見出し（例）「地方部が取り組むべき「3つのこと」」

見出しで話の全体像を瞬間的につかんでもらってから自身の主張を伝えると、内容が理解しやすくなる。

13 ［ヘッダー］
スライドの最上部を活用する

　スライドの最上部（ヘッダー）は、最初に目がいくポイントです。そのため、どういう役割を持たせるか、ひな形を作る際にしっかりと考えておきましょう。通常は26ページで解説した通り、目次に書き表したタイトルを入れます。プレゼン内容が多岐にわたるようなケースでは「章タイトル→スライドタイトル」のように階層構造で示すのもおすすめです。

●パンくずリストとして使う

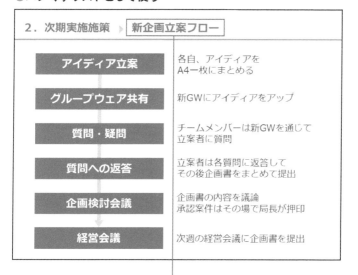

この例では、「次期実施施策」という大項目の中の、「新企画立案フロー」という小項目のスライドであることを表している。研究資料や詳細レポートなど、プレゼン資料のページが多く、階層化したほうがわかりやすい場合に向いている。

14 ［ギャップ］
注目ポイントは
ギャップで表す

　文字にギャップがないと、どこが重要なポイントなのかわかりにくくなります。そのため、目立たせたいキーワードだけフォントサイズや色を変えて強調しましょう。

　ただ、注意しなければならないのは、ギャップをつける量です。ギャップをつける箇所が多くなり過ぎると、どこが特に大事なのかわかりづらくなるので、強調するのは1つの文章の中で1～2つのキーワードにしましょう。

✕ 文字にギャップのない資料

```
2. 地方部の問題・原因  ▶  ○○市職員の「生声」

● 厳しい財政状況 → 崩壊に向かっている印象

● 最重要課題は人口の減少への対応
   = 外貨の獲得 ≒ インバウンド

● インバウンドは最注力事項
   → いまだ手探りの状態
```

文字に何もギャップがないため、どこが大切なポイントなのかがわかりにくい。

◯ 文字にギャップのある資料

```
2. 地方部の問題・原因  ▶  ○○市職員の「生声」

● 厳しい財政状況 →崩壊に向かっている印象

● 最重要課題は人口の減少への対応
   = 外貨の獲得 ≒ インバウンド

● インバウンドは最注力事項
   →いまだ手探りの状態
```

「崩壊」「インバウンド」など、このスライドで重要な文字が「大きく、太く、色づけられている」ので、一瞬でどこがポイントなのか理解できる。

15 ［ 区切り線 ］
区切り線で
レイアウトを整理する

1枚のスライドで複数の内容を取り上げたい場合は、これまで説明してきたようにオブジェクト同士の間隔を確保しレイアウトに余白を入れて、それぞれの内容が伝わりやすく整理する必要があります。しかし、実際やってみて、どうしてもバランスよく余白を取れない場合もあるでしょう。そういうときは、細い区切り線を入れることで、余白を入れながら全体をすっきり整理できます。

✕ オブジェクトを囲み過ぎて余白が少ない資料

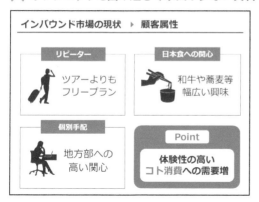

複数の要素を区分けするために枠線で囲んでいるが、オブジェクト同士の距離感が狭まって余白が少なくなり、見づらくなっている。

◯ 1本線で区切って余白がある資料

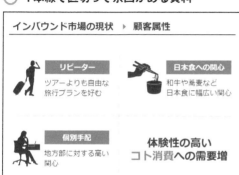

「1本線」で区切るだけで余分な枠線が消えて、オブジェクト同士の過度な接近が回避され、しっかり余白がキープされるようになる。こうすれば、窮屈感を出さずに区分けできる。

16 [図形]
同じ図形を連続して描く

動画はコチラ
▼

https://dekiru.net/
pptpr_0316

PowerPoint で図形を描くとき、[図形描画] から描きたい図形のアイコンを選択して描きますが、1回描くと選択が解除され、同じ図形を描きたい場合はその都度選択しなければならず面倒です。区切り線など、連続して描くことが多い図形の場合は効率的に描きたいもの。そういう場合は、描画モードをロックしましょう。

●[描画モードのロック]機能を利用する

描きたい図形アイコンを右クリック（❶）して [描画モードのロック]（❷）をクリック。ここでは例として直線を連続して描けるようにする。

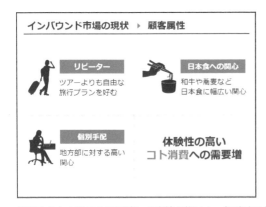

垂直方向と水平方向に連続して直線が描けた。解除する場合は Esc キーを押す。

17 ［線］
離ればなれの情報は
線で「つなぐ」

　線をうまく使えば複数のオブジェクトの関係性を「つなぐ」こともできます。

　一見バラバラに置かれているようなオブジェクトでもデザイン性を損なわず関係性を明示できるので、一気にレイアウトが整理整頓されます。情報を整理する際にぜひ意識してみましょう。

✕ オブジェクト間の関係性がわかりにくい資料

空いたスペースにテキストがただ置かれているだけなので、それぞれのオブジェクト間の関係性（どれとどれが仲間なのか）がわかりにくい。

◯ オブジェクト間に結びつきがあるレイアウト

1本の線が入ることで、オブジェクト間に結びつきが生まれ、「どの画像とどのテキストが仲間なのか」が一瞬で理解できる。

18 ［配置］
「Z字」に配置すると
理解しやすくなる

　ビジネス文書など横書きの文書を見る場合、人の視線はZ字型に動きます。この法則をプレゼン資料にも適用しましょう。

　たとえば、下の資料であれば、①左上から右上に向かって横方向に視線を移動させ、②そのあと左下に視線を落とし、③再度右に視線を移していく。このように視線を動かしながら情報を見ていくことが多いのです。

　特に「ざっとページ全体を見るとき」ほどこの法則が働くともいわれているので、ビジュアルで瞬間的に理解してもらうプレゼン資料とは相性抜群です。

●情報を見るときの視線の動き

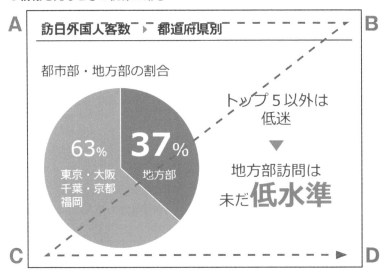

人間は上の例のように、左上（A）→右上（B）→左下（C）→右下（D）という目の動きで情報を読み取る。この例の場合、タイトルに目を通してから、データをざっと眺めて「低水準」というキーメッセージがしっかり伝わる。

19　[配置]

図形は左、テキストは右に配置する

　伝わるレイアウトにするためには、画像やグラフといった<mark>ビジュアル要素は左に、テキストは右に配置する</mark>のが原則です。52ページで解説したとおり、横書きの場合、人の視線は左から右へ動きますが、その際直感的に理解しやすい要素が先に目に入ってきたほうが、情報を速く理解できるためです。

✕ グラフが右、テキストが左に配置された資料

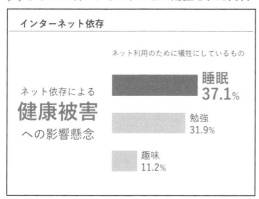

人の視線は左から右へ動くのに対して、ビジュアル要素と文字要素を視線とは逆に配置してしまうと人は違和感を感じてわかりにくいと感じてしまう。

◯ グラフが左、テキストが右に配置された資料

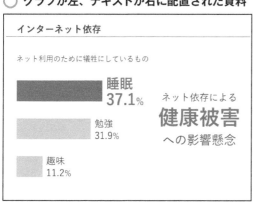

ビジュアル要素をレイアウトの左側、文字要素を右側に配置すると内容を理解しやすい。

表紙は対角線を
意識する

　表紙は聞き手に対してプレゼン内容の大枠を伝えるためにあります。つまり、最初に表紙で情報の整理（＝いつ、誰が、誰に、何を伝えるのかなど）をしているともいえます。

　プレゼン内容の大枠とは、具体的には①タイトル、②日付、③提案者（発表者）、④相手名や会議名の４つです。プラスアルファとして、プレゼン内容をイメージさせる画像かイラストを載せるのも効果的です。画像を入れるとよりスタイリッシュに、イラストを入れるとよりカジュアルなイメージが伝わります。

　これらを配置する際は、下の例のように各オブジェクトが対角線上に並ぶように配置すると全体のバランス（重心）がよくなるのでおすすめです。

　原則としてこの４つが入っていれば十分です。表紙ももちろん資料の一部なので、ほかのページと同様、無理に不要なものを入れ込む必要はありません。

●各オブジェクトを対角線上に配置する

宛名は左上に配置（❶）。日付と提案者名は右揃えにしたうえで右下に配置（❷）。タイトルはスライド中央からやや上に配置する（❸）。

21 ［ 目次 ］
目次スライドは
アウトライン機能で作る

動画はコチラ

https://dekiru.net/
pptpr_0321

　目次は、スライド全体ができてから1枚目または表紙の次に挿入します。PowerPointでは、プレースホルダー（Chapter10参照）に入力した内容は、アウトライン表示できます。この機能を使えば、各スライドのタイトル部分だけをコピーできるので、簡単に目次スライドを作成できます。

●各スライドのタイトル部分などを抽出して目次を作成する

各スライドの上部などに、プレースホルダーでタイトルを配置している場合は、そのタイトルをそのまま目次の素材として使える。

●アウトライン表示に切り替えてタイトルをコピーする

[表示] タブの [アウトライン表示] (❶) をクリックするとアウトラインが表示される。タイトル以外の要素が表示されていたら、その項目を右クリックして [折りたたみ] をクリックして非表示にしておく。

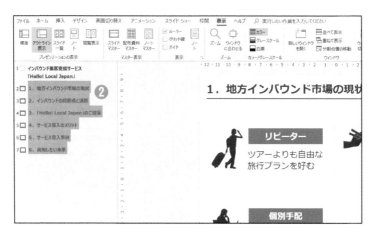

アウトライン表示のうち、目次で使う部分だけ選択して (❷)、Ctrl + C キーを押してコピーする。

POINT

●アウトライン表示されるのはプレースホルダーに入力している場合のみです。テキストボックスなど、プレースホルダー以外に見出しを入力している場合はアウトライン表示されません。

●目次スライドを作成する

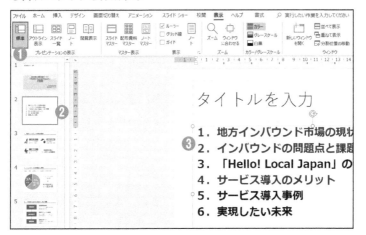

アウトライン表示から[標準]（❶）表示に切り替えて、目次用のスライドを挿入後（❷）、コピーしたテキストを貼りつける（❸）。

不要な項目があれば削除し、フォントや文字サイズなど書式などを整えて完成。

POINT ──────────────

●表紙の次に目次を挿入するときは表紙の見出しは不要なので削除し、読みやすいように行間を調整しましょう。

22 ［中表紙］
目次から
中表紙を作成する

動画はコチラ
▼

https://dekiru.net/
pptpr_0322

内容が変わる区切りの位置に中表紙を入れると、さらにプレゼンの現在地がわかりやすくなります。中表紙は目次スライドを活用して作るのがおすすめです。

●目次スライドを複製する

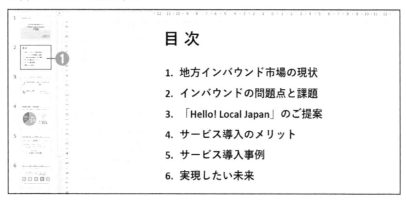

目次スライドを選択（❶）。

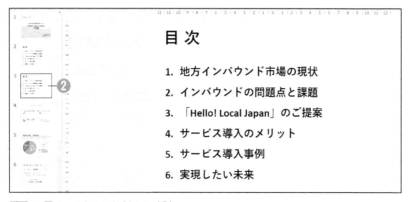

[Ctrl] + [D] キーを押して複製する（❷）。

●複製した目次スライドから中表紙を作成する

目 次

1. 地方インバウンド市場の現状
2. インバウンドの問題点と課題
3. 「Hello! Local Japan」のご提案
4. サービス導入のメリット
5. サービス導入事例
6. 実現したい未来

複製した目次スライドの文字色を
すべて薄いグレーに変更。

目 次

1. 地方インバウンド市場の現状
2. インバウンドの問題点と課題
3. 「Hello! Local Japan」のご提案
4. サービス導入のメリット
5. サービス導入事例
6. 実現したい未来

中表紙を挿入する位置のスライド
のタイトルをメインカラーなどに変
更する。

●中表紙スライドを挿入位置へ移動する

画面の左側にあるスライドの一覧
で中表紙を選択し、そのまま下へ
ドラッグ（❸）して挿入する位置
へ移動する。

枚数が多いときは スライド番号が必須

　プレゼン資料には、スライド番号も入れておきましょう。スライド番号が入っていると、聞き手が質疑応答のときに「何番目のスライドですけど……」と質問しやすくなるからです。

　また、スライド番号は「全体のスライド枚数」も示してあげると、より親切です。こうすることで、聞き手の「今、どこまで進んだのだろう？」という不安が和らぎます。全体枚数を一緒に示し、おおよそのプレゼンのボリューム感を推測させることも重要です。

●スライド番号と全体のスライド枚数を入れる

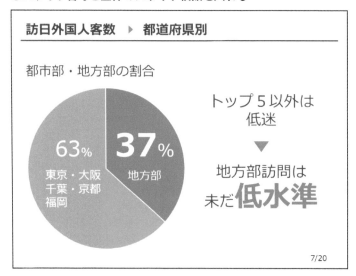

スライドの右下の「7／20」が「スライド番号／全体のスライド枚数」を表している。聞き手の中にはいつプレゼンが終わるのか気になる人もいるため、全体のスライド枚数も示して聞き手にプレゼン全体のボリューム感を推測させる。

24 ［ フッター ］
日付とフッターは
表示しなくてもいい

　スライド番号のほかにも、「日付」と「フッター」を各スライドの下部に表示できますが、標準設定では非表示になっています。フッターは社名や資料タイトルなどを入力する場所ですが、社名や資料タイトルは表紙に入っているため、各スライドに反映する必要はありません。同様に日付も表紙に入っていれば、各スライドには反映しなくても大丈夫です。

✕ 日付やフッターが表示された資料

SEO対策 ▶ 目的

■SEO対策における"狙い"

- 目的は「上位表示」ではない
  ⇒売上・照会件数・認知度UP等が目的
  ⇒成功・失敗は最終成果で判断

- 検索結果に一喜一憂しない
  ⇒ゴールを見据えた中長期的取り組みが必要

- 検索順位はアルゴリズムによる評価で決定
  ⇒瞬間的に効果のある「特効薬」無し
  ⇒有意義な記事の蓄積が重要

日付やフッターに入力する情報は各スライドに入っていると情報の重複になるし、余白が減って雑然としやすい。また、各スライドに入れるほどの情報ではない。

◯ 日付やフッターがない資料

SEO対策 ▶ 目的

■SEO対策における"狙い"

- 目的は「上位表示」ではない
  ⇒売上・照会件数・認知度UP等が目的
  ⇒成功・失敗は最終成果で判断

- 検索結果に一喜一憂しない
  ⇒ゴールを見据えた中長期的取り組みが必要

- 検索順位はアルゴリズムによる評価で決定
  ⇒瞬間的に効果のある「特効薬」無し
  ⇒有意義な記事の蓄積が重要

日付やフッターがなければ、余白も増えてスライドがよりシンプルになって見やすくなる。

Web サイトのデザインは
「F の法則」

　人は情報を見るときに「Z 字に動きやすい」と前述しました。ただし、Web サイトを閲覧するときは少し異なる動きをします。Web サイトを見るときは、①左上からスタートして右へ、②視線の高さは変えずに再度左へ視線を戻し（最初の位置に戻り）、③スタート地点の少し下からまた右に向かって見ていきます。そして、また左へ視線を戻して、そのまま下へ。そう、Web サイトの場合は視線が「F 字」に動きやすいのです。これを「F の法則」といいます。

　Web サイトの場合は、情報を見るときに画面を縦にスクロールしなければならないという制約が出てくるので、目線も Z ではなく F 字に動きやすいということでしょう。ということは、Web サイトのレイアウトをデザインする際は、やはり F 字の動線上に見てもらいたい重要コンテンツを配置していくと効果的というわけです。実は某有名ショッピングサイトの商品詳細ページは、完全にこの F の法則を意識したレイアウトになっています。商品画像・商品説明文・価格・レビュー・購入ボタンなど、ページを見ていく中でユーザーの興味・関心が自然と育ち、最終的に購入に至りやすくなるよう考えて配置されています。現在自社の Web 担当をされている方は、ぜひ F の法則を意識してみてください。

Web サイトの場合は画面スクロールの制約があるため目線が F 字に動きやすいといわれている。

Chapter 4

伝わる文字の
セオリー

スライドの文字サイズは
28pt が目安

プレゼン資料は大勢の人が遠くから見るという状況で使用されるため、最も遠い位置に座っている人でもきちんとスライドの内容が見えるように、文字サイズを大きめにしましょう。私のおすすめは「最低28pt」です。私の経験上このサイズであれば、ほとんどの場合でストレスなく見ることができます。ただし、投影するモニターやスクリーンの大きさ、部屋の大きさなどによって見やすいと感じる文字のサイズは変わるので、事前にそれらの大きさをチェックして柔軟に対応する必要があることも意識しておきましょう。

どうしても目安の28pt以上をキープできないときもありますが、その場合は24ptが最小サイズです。もし「24ptより小さくしないと文字が入りきらない！」という場合は、情報の詰め込み過ぎだと思ってください。その際は情報の取捨選択が必要になります。

● 文字サイズの比較

✕ 大きいほうが遠くからでも見やすい　**14pt**

△ 大きいほうが遠くからで　**24pt**

○ 大きいほうが遠く　**28pt**

○ 大きいほうが　**36pt**

サイズダウンは24pまで。それより小さくしなければならない場合は情報の取捨選択をやり直す。

02 ［文字サイズ］

入力時の文字サイズを
一定に保つ

　PowerPoint でプレースホルダーやテキストボックスに文字を入力すると、枠に収まるように文字サイズが自動的に縮小されます。これを防ぐには、［自動調整］をオフにしましょう。プレースホルダーやテキストボックスごとに自動調整をオフにすることもできますが、ここでは一括してオフにする方法を紹介します。

●オートコレクトのオプションを変更する

［ファイル］タブの［オプション］をクリックして［Power Point のオプション］を表示する。［文章校正］をクリックして（❶）、［オートコレクトのオプション］をクリックする（❷）。

［入力フォーマット］タブをクリックして（❸）、［テキストをタイトルのプレースホルダーに自動的に収める］と［テキストを本文のプレースホルダーに自動的に収める］の両方のチェックをはずす（❹）。

タイトルや見出しは
なるべく小さくする

　スライドのタイトルや見出しは必ずしもつけるものではありませんが、文字サイズを大きくして目立たせる必要はありません。タイトルや見出しは聞き手に対して「今、この話をしていますよ」と伝えるためにあるので、もし、タイトルや見出しをつける場合は、一番伝えたいキーメッセージより目立たないように文字サイズは小さめにしましょう。基準サイズとしておすすめしている 28pt や、それ以下（24pt など）でも十分です。

✕ タイトルや見出しが目立つ資料

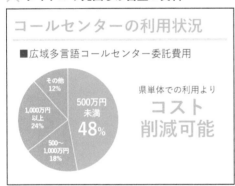

タイトルや見出しが大き過ぎると、そこに視線を奪われ、一番伝えたいキーメッセージやグラフに集中しづらくなる。また、レイアウトも窮屈になり、グラフなども小さくなってしまう。

◯ タイトルや見出しが小さめな資料

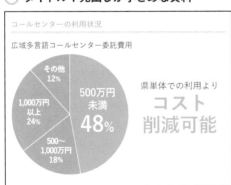

タイトルと見出しが小さめのサイズになっているため、キーメッセージやグラフに目線が集中する。また、スペースが広く取れるので、グラフも大きく表示でき、余白も確保できる。

04　[数字／単位]

数字や単位は
ギャップをつける

　スライドで伝えたい主張は文字サイズ、文字の太さ、文字色など、文字にギャップをつけて強調すると効果的だと Chapter 3 で解説しました。さらにスライドで数字を強調する場合は、**数字は大きく、単位は小さくする**と数字が強調され、聞き手の印象に残るようになります。これはお店のチラシや店頭の POP に書かれている価格などによく見られる手法ですが、プレゼン資料においても効果を発揮します。

✕ 数字にギャップがない資料

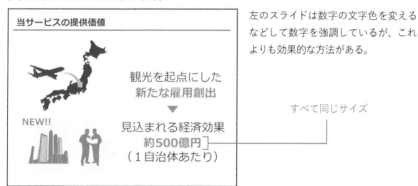

左のスライドは数字の文字色を変えるなどして数字を強調しているが、これよりも効果的な方法がある。

◯ 数字は大きく、単位は小さくした資料

このスライドのように「500」を大きく「億円」を小さくすると、数字が強調されて、聞き手の印象に残る。

文章は短く
端的に表現する

　プレゼン資料は読んで理解する資料ではなく「見て」理解する資料です。また、トーク原稿でもありません。自分が話す言葉をそのまますべて文字に起こすのではなく、伝えたいメッセージやポイントだけを短い文章で、なるべく端的に表現しましょう。その際に避けたいのは「同じ意味の言葉を重ねる」「既出の内容を再度書く」などの重複表現です。これらを多用してしまうと、文字数が増えて長文になってしまいます。

✕ 長文でわかりづらい資料

地方自治体の現状　▶　職員の声
● 地方自治体の財政は非常に厳しく、現在では崩壊に 　向かっている印象である。
● その厳しい財政状態の中で、最重要課題といえるのは 　『人口の減少』への対応と『外貨の獲得≒インバウンド』。
● しかし、自治体の特徴として、新規サービスなどの導入は 　実績や他自治体の活動例を気にする傾向がある。
● インバウンドは最注力事項になっており、 　予算も付いているが、どんなことを行えばいいのか、 　何から手をつければいいのか等、手探りの状態である。

スライドに長文を使うと聞き手が読むのに時間がかかる、トークに集中できないなどのデメリットがある。この例では色の変化や太字などのギャップを入れてはいるものの、長文なのでメッセージが伝わりにくい。

◯ 体言止めなどで端的に表現した資料

地方自治体の現状　▶　職員の声
● 厳しい財政状況 → 崩壊に向かっている印象
● 最重要課題は 　① 『人口の減少』への対応 　② 『外貨の獲得≒インバウンド』
● 新規サービスなどの導入 　→ 実績や他自治体の活動例を重視
● インバウンドは最注力事項 　→ いまだ手探りの状態

伝えたいメッセージやポイントだけを書くときは、体言止め（単語で終える）を活用したり、重複表現を省くと、文字量を減らせる。

1行の文字数は
25文字までに抑える

　文章を短くするときの考え方としては、すべての文を1行で収めるように推敲するのが基本です。一般的に人がひと目で認識できる文字数は13文字といわれています。しかし、プレゼン資料の場合は、スペースやレイアウトが限られているので25文字以内に1文を収められるよう構成できればいいでしょう。

✕ 1行の文字数が多い資料

SEO対策 ▶ 目的

■SEO対策における"狙い"

インターネットの検索結果における「上位表示」自体が目的ではなく、自社のWebサイト・オウンドメディア等への訪問者数を増やし、その結果として商品の売上アップや商品に関する顧客及び見込み顧客からの問い合わせ件数アップ、自社・商品認知度アップ等を目指すこと。

自社で決めた特定のキーワードで「検索結果1位になったらSEO対策成功」ということではない。特定のキーワードで上位表示された結果「大きく売上が拡大した」等の最終コンバージョンの成果で、施策の成否を判断すべき。特定のキーワードでうまく検索結果上位に表示された・されないで一喜一憂する必要は全くない。真の意味でのゴール（最終コンバージョン）をしっかりと見据えて、中長期的に取り組んでいく必要がある。

検索結果は検索エンジンのアルゴリズムがサイトを評価し、その上で順位付けをおこなっているため、瞬間的に効果のある特効薬的な施策はなく、いかにサイト内に有意義なコンテンツを蓄積していくかが重要となる。コンテンツマーケティングと呼ばれるこの施策が現在のSEO対策の主流。

文字数や行数が増え過ぎると、読むのに時間がかかる。また、左から右への目線の往復が増えて負担を感じやすくなる。

◯ 1行25文字に抑えた資料

SEO対策 ▶ 目的

■SEO対策における"狙い"

- 目的は「上位表示」ではない
  - ⇒売上・照会件数・認知度UP等が目的
  - ⇒成功・失敗は最終成果で判断

- 検索結果に一喜一憂しない
  - ⇒ゴールを見据えた**中長期的取り組み**が必要

- 検索順位はアルゴリズムによる評価で決定
  - ⇒瞬間的に効果のある「特効薬」無し
  - ⇒有意義な記事の蓄積が重要

プレゼン資料の場合は、1行25文字以内に文字数を抑えると聞き手は理解しやすくなる。

字間は［標準］が
読みやすい

　人に伝わる資料にするためには字間にも注意しなければいけません。プレゼン資料は遠くから見る資料です。字間を狭く設定していると字間の窮屈な文章となり、遠くから見たときに読みづらくなってしまいます。また、広すぎても文章が意図しない位置で改行されることがあります。文章が読みづらいとそれだけ内容が伝わりにくくなるので、字間は PowerPoint で［標準］に設定しましょう。

✕　字間が狭く窮屈な文章の資料

業務課題の抽出ステップ ▶ ECRSの4原則

Eliminate（排除）
業務の目的を見直し、その業務自体を無くせないか検討する。
例：「作業自体を無くすことはできないだろうか？」
　　「阻害する動き自体を無くせないだろうか？」

Combine（結合）
業務をまとめることで、工程を減らせないか検討する。
例：「複数の作業を一緒に行うことはできないだろうか？」
　　「複数の機能を統合させることはできないだろうか？」

すべての字間が狭く、全体的に窮屈な印象を与える資料になってしまっている。

◯　字間を［標準］にした資料

業務課題の抽出ステップ ▶ ECRSの4原則

Eliminate（排除）
業務の目的を見直し、その業務自体を無くせないか検討する。
例：「作業自体を無くすことはできないだろうか？」
　　「阻害する動き自体を無くせないだろうか？」

Combine（結合）
業務をまとめることで、工程を減らせないか検討する。
例：「複数の作業を一緒に行うことはできないだろうか？」
　　「複数の機能を統合させることはできないだろうか？」

✕例のスライドと比べると字間にゆとりができて読みやすい資料になっている。

字間はまとめて設定する

動画はコチラ

https://dekiru.net/
pptpr_0408

　PowerPoint の字間は初期設定では［標準］に設定されています。既存のプレゼン資料の字間が［狭く］や［広く］に設定されている場合は［標準］に設定しなおしましょう。字間の設定はすべてのテキストボックスを選択した状態で行うと、まとめて変更できて便利です。ただし、字間を変更すると文章の段落や改行位置などの調整が必要になる場合もあるので注意が必要です。

●字間は一括で変更する

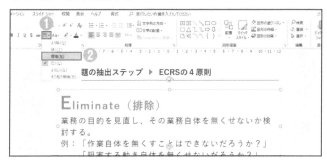

すべてのテキストを選択して［ホーム］タブの［文字の間隔］（❶）→［標準］（❷）をクリックする。

●変更後のレイアウトを確認する

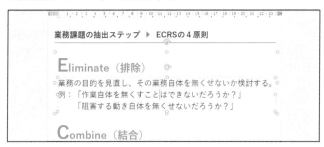

字間を変更すると文章のレイアウトが崩れる場合があるため、必要に応じて文字数などを調整する。基本的には、先に字間を調整してから内容を入力するのがいい。

行間は広めに
設定する

行間は広めに設定してゆとりをもたせると遠くから見たときにテキストが読みやすくなります。目安としては文字サイズの 1.1 〜 1.2 倍程度に設定すると 1 行を目で追いやすくなります。ただし、行間も広げ過ぎると逆に読みづらくなるので注意が必要です。

✕ 行間が狭くて見づらい資料

```
地方自治体の現状  ▶  職員の声

● 厳しい財政状況 → 崩壊に向かっている印象

● 最重要課題は
  ①『人口の減少』への対応
  ②『外貨の獲得 ≒ インバウンド』

● 新規サービスなどの導入
  → 実績や他自治体の活動例を重視

● インバウンドは最注力事項
  → いまだ手探りの状態
```

箇条書きの段落内を見ると、上の行と下の行の行間が狭くて窮屈感があり見づらい。

◯ 行間を文字サイズの 1.1 倍にした資料

```
地方自治体の現状  ▶  職員の声

● 厳しい財政状況 → 崩壊に向かっている印象

● 最重要課題は
  ①『人口の減少』への対応
  ②『外貨の獲得 ≒ インバウンド』

● 新規サービスなどの導入
  → 実績や他自治体の活動例を重視

● インバウンドは最注力事項
  → いまだ手探りの状態
```

箇条書きの段落内の行間を文字サイズの 1.1 倍にした例。このように、行間は文字サイズの 1.1 〜 1.2 倍が好ましい。広げ過ぎると間伸びして逆に読みづらくなるので注意。

10 [行間]
行間は一括で揃える

動画はコチラ
▼

https://dekiru.net/
pptpr_0410

　読みやすい行間の目安は 86 ページで説明したように文字サイズの 1.1 ～ 1.2 倍程度です。行間の調整はすべての行を選択して ［ホーム］ タブの ［行間］ で一括で変更します。なお、行間の設定に関しては本書の Chapter10 でも解説しています。

● 1.1 ～ 1.2 倍に一括で変更する

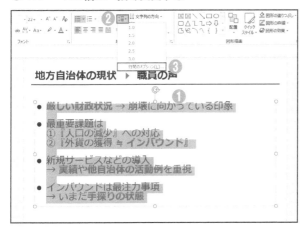

テキストをすべて選択し（❶）、［ホーム］ タブの ［行間］（❷）→ ［行間のオプション］（❸）をクリックする。

［段落］ダイアログボックスが表示されるので、［間隔］（❹）に 1.1 か 1.2 と入力して、［OK］（❺）をクリックする。

11 ［箇条書き］

箇条書きの段落間は
12pt 空きにする

　箇条書きは、PowerPoint では［箇条書き］機能を使って表現するのが基本ですが、その際の段落同士の間隔は、フォントサイズが 28pt の場合、12pt 程度を目安にしましょう。よくあるのが Enter キーで空白行を入れるパターンですが、空白行を入れるとかえって空きすぎとなるため、89 ページで解説する方法で段落間の空きを調整しましょう。

✕ 段落間が空いていない箇条書き

地方自治体の現状　▶　職員の声
● 厳しい財政状況 → 崩壊に向かっている印象
● 最重要課題は　①『人口の減少』への対応　②『外貨の獲得 ≒ インバウンド』
● 新規サービスなどの導入　→ 実績や他自治体の活動例を重視
● インバウンドは最注力事項　→ いまだ手探りの状態

段落間が空いていない箇条書きは異なる内容が１つのまとまりに見えてしまい、わかりづらい。

◯ 段落間を 12pt 空けた箇条書き

地方自治体の現状　▶　職員の声
● 厳しい財政状況 → 崩壊に向かっている印象
● 最重要課題は　①『人口の減少』への対応　②『外貨の獲得 ≒ インバウンド』
● 新規サービスなどの導入　→ 実績や他自治体の活動例を重視
● インバウンドは最注力事項　→ いまだ手探りの状態

箇条書きは段落間を 12pt 以上空けると見やすくなる。

12 ［箇条書き］
段落ごとの間隔を調整する

動画はコチラ
▼

https://dekiru.net/
pptpr_0412

　箇条書きの段落間は、初期設定では詰まり過ぎていると感じることがあります。PowerPointでは、段落同士の間隔を設定できるので、あらかじめ設定しておきましょう。

●つまり過ぎている段落間を調整する

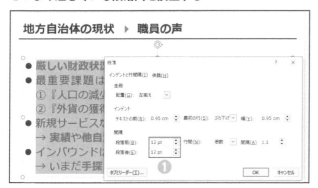

間隔を調整したい部分を選択後、右クリックし、表示されるメニューの［段落］をクリックして［段落］ダイアログボックスを表示する。［間隔］の［段落前］［段落後］（❶）をそれぞれ12ptにして［OK］をクリック。

```
地方自治体の現状 ▶ 職員の声

● 厳しい財政状況 → 崩壊に向かっている印象

● 最重要課題は
　① 『人口の減少』への対応
　② 『外貨の獲得 ≒ インバウンド』

● 新規サービスなどの導入
　→ 実績や他自治体の活動例を重視

● インバウンドは最注力事項
　→ いまだ手探りの状態
```

段落ごとの間隔が調整された。❶の画面で［行間］を設定すると、段落内の行間隔も変更できる。

箇条書きの
階層は2つまで

箇条書きには、第1レベル、第2レベル……と階層を設定できます。しかし、階層は多ければ多いほどメッセージが複雑化し、伝わりやすさが損なわれます。そのため、箇条書きの階層は、理想は第1レベルまで、多くても第2レベルまでに収まるようにしましょう。

✕ 2つ以上階層がある箇条書き

地方自治体の現状 ▶ 職員の声

- 地方自治体の現在
  厳しい財政：崩壊に向かう
  - 最重要課題
    - 『人口の減少』への対応
    - 『外貨の獲得≒インバウンド』

- 新規サービスなどの導入
  →実績
  →他自治体の活動例

- インバウンドは最注力事項
  →手探りの状態である。

このスライドの「地方自治体の現在」という項目のように箇条書きの階層が2つ以上あるとそれだけで情報が複雑化してわかりづらくなる。

● 箇条書きの階層

箇条書きの階層

- 箇条書き第1レベル
② → ・ 箇条書き第2レベル ← **①**
Tab キー ・ 箇条書き第3レベル
を押す ・ 箇条書き第4レベル

① Enter キーを押す

② Tab キーを押す

PowerPoint では、Enter キーで改行すると（**①**）、自動的に第1レベルの箇条書きとして入力される設定になっている。改行後に Tab キーを押すと、階層が1つ下がる（**②**）。階層を戻すには、Shift キーを押しながら Tab キーを押す。

14 ［箇条書き］

箇条書きは
改行位置に気をつける

　箇条書きを改行する場合はルールを決めておきましょう。たとえば、「句読点で改行する」「単語の途中では改行しない」「行頭のインデントを揃える」などです。これだけの工夫で読みやすさがアップします。

✕ 単語や文の途中で改行されている資料

訪日外国人消費動向　▶　菓子類（2018年）
● 旅ナカにおける買い物代のうち、菓子類だけで1,589億円（前年比＋21%）に到達。
● 買い物の内訳の中で購買率もダントツ1位（68%）
● 帰国前の「残った小銭を使い切りたい」ときに、安価な菓子類が選ばれやすい。
● Youtubeの人気動画がきっかけで、自身で手を加えて作る知育菓子も人気に。

単語の途中で改行されて言葉が分断され、行頭のインデントが揃っていないため、非常に見づらい。

◯ 句読点で改行された資料

訪日外国人消費動向　▶　菓子類（2018年）
● 旅ナカにおける買い物代のうち、菓子類だけで1,589億円（前年比＋21%）に到達。
● 買い物の内訳の中で購買率もダントツ1位（68%）
● 帰国前の「残った小銭を使い切りたい」ときに、安価な菓子類が選ばれやすい。
● Youtubeの人気動画がきっかけで、自身で手を加えて作る知育菓子も人気に。

句読点の位置で改行して行頭のインデントを揃えると文章が読みやすくなり、行頭文字がより明確になるため、見やすい。

15 ［箇条書き］
行頭文字をつけずに 改行する

PowerPointの箇条書きでは、 Enter キーで改行すると次の行は新しい段落に設定され、行頭文字が付きます。しかし、場合によっては行頭文字を付けずに、1字下げして改行したい場合もあるでしょう。そのときは、 Shift キーを押しながら Enter キーを押しましょう。

●段落を変えずに行頭のインデントを揃える

訪日外国人消費動向 ▶ 菓子類（2018年）

- 旅ナカにおける買い物代のうち、
- 菓子類だけで1,589億円（前年比＋21%）に到達。
❶
- 買い物の内訳の中で購買率もダントツ1位（68%）

- 帰国前の「残った小銭を使い切りたい」ときに、
  安価な菓子類が選ばれやすい。

- Youtubeの人気動画がきっかけで、
  自身で手を加えて作る知育菓子も人気に。

行頭のインデントを揃えようとシンプルに Enter キーだけを押してしまうと（❶）、段落が変わって新たな行頭文字が付いてしまう。

訪日外国人消費動向 ▶ 菓子類（2018年）

- 旅ナカにおける買い物代のうち、
  菓子類だけで1,589億円（前年比＋21%）に到達。
❷
- 買い物の内訳の中で購買率もダントツ1位（68%）

- 帰国前の「残った小銭を使い切りたい」ときに、
  安価な菓子類が選ばれやすい。

- Youtubeの人気動画がきっかけで、
  自身で手を加えて作る知育菓子も人気に。

Shift キーを押しながら Enter キーを押すと同じ段落内で改行され（❷）、行頭が1字下げになり、インデントが揃う。

箇条書きの行頭文字は
少し大きめにする

　箇条書きで気をつけたいのは「読みやすい形」にすることです。特に行頭文字が小さ過ぎると遠くからは見えづらいので注意が必要。行頭文字も単なる点と考えずに、オブジェクトとして捉えましょう。

✕ 行頭文字が小さい資料

地方自治体の現状　▶　職員の声

・厳しい財政状況 → 崩壊に向かっている印象

・最重要課題は
　①『人口の減少』への対応
　②『外貨の獲得 ≒ インバウンド』

・新規サービスなどの導入
　→ 実績や他自治体の活動例を重視

・インバウンドは最注力事項
　→ いまだ手探りの状態

行頭文字が中黒（「・」）になっている箇条書きは遠くから見ている人には非常に見づらい。

◯ 行頭文字が大きい資料

地方自治体の現状　▶　職員の声

● 厳しい財政状況 → 崩壊に向かっている印象

● 最重要課題は
　①『人口の減少』への対応
　②『外貨の獲得 ≒ インバウンド』

● 新規サービスなどの導入
　→ 実績や他自治体の活動例を重視

● インバウンドは最注力事項
　→ いまだ手探りの状態

[箇条書き] 機能を使って行頭文字のサイズを少し大きくすると、箇条書きが一気に見やすくなる。

行頭文字を
大きくする

動画はコチラ

https://dekiru.net/
pptpr_0417

［箇条書き］機能を使って箇条書きを設定していれば、行頭文字のサイズを調整できます。行頭文字のサイズは一括で変更できるので、設定方法を覚えておきましょう。

●行頭文字を大きくする

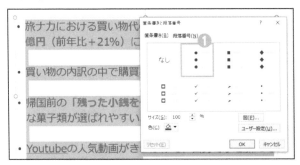

箇条書きを選択したら右クリックして、［箇条書き］の▶にマウスポインターを合わせ、［箇条書きと段落番号］をクリック。すると［箇条書きと段落番号］ダイアログボックスが表示されるので、［塗りつぶし丸の行頭文字］（❶）を選択し、［OK］をクリック。

訪日外国人消費動向 ▶ 菓子類（2018年）

● 旅ナカにおける買い物代のうち、菓子類だけで1,589億円（前年比＋21%）に到達。

● 買い物の内訳の中で購買率も**ダントツ１位**（68%）

● 帰国前の「残った小銭を使い切りたい」ときに、安価な菓子類が選ばれやすい。

● Youtubeの人気動画がきっかけで、自身で手を加えて作る知育菓子も人気に。

行頭文字が大きくなった。大き過ぎると感じる場合は、手順❶の画面でサイズを80%程度に設定する。

［ 箇条書き ］

行頭文字と文章の
字間を調整する

動画はコチラ
▼
https://dekiru.net/
pptpr_0418

　箇条書きの行頭文字と文章の字間が狭く感じるときは、広めに字間を空けましょう。特に、行頭文字のサイズを大きくした場合は、字間がつまり過ぎになってしまう場合があります。その際は字間を空けると、視認性が高まります。目安としては、1文字より大きくならない程度にしましょう。1文字以上空いてしまうと、かえってまとまりがなくなってしまいます。

●ルーラーで字間を調整する

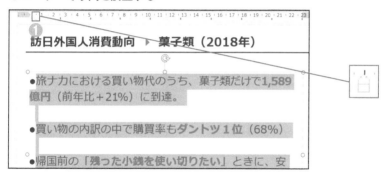

ルーラーの🏠の位置を確認する（❶）。ルーラーが表示されていないときは、スライド上で右クリックして表示されるメニューから［ルーラー］をクリックする。

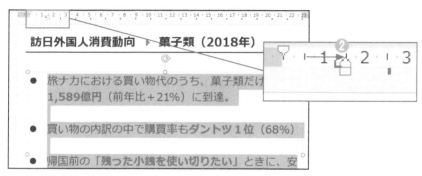

ルーラーの🏠を右にドラッグ（❷）すると、行頭文字と文の間隔を広げられる。複数の段落にまとめて設定したい場合は、設定した段落を選択してからルーラーを調整する。

19　[フォント]

フォントは
ゴシック体だけ使う

プレゼン資料で使うフォントは、原則としてゴシック体のみと考えましょう。特別な意図、たとえば、「和風」などを演出したい場合は明朝体もありですが、シンプルに情報を伝えるという目的の場合は、ゴシック体にしたほうが読みやすくなります。

✕ 明朝体が使われている資料

Webサイト構築　▶ミニマルデザイン
①無駄を省く シンプルなミニマルデザインの最重要要素。 不要な要素を省くと洗練され、エレガントな雰囲気に。
②余白を大きく 空間で美しさを感じさせるのがミニマルデザイン。 コンテンツを詰め込まないことで、メッセージも明確に。
③色数を少なく 色は少ない方が、より洗練さを感じる。 色のアクセントもつきやすいため、メッセージを強める効果も。

明朝体は「横線が縦線よりも細い」という特徴を持っているため全体としてスッキリと見える。その反面、投影する資料では視認性が落ちてしまう。

◯ ゴシック体が使われている資料

Webサイト構築　▶ミニマルデザイン
①無駄を省く シンプルなミニマルデザインの最重要要素。 不要な要素を省くと洗練され、エレガントな雰囲気に。
②余白を大きく 空間で美しさを感じさせるのがミニマルデザイン。 コンテンツを詰め込まないことで、メッセージも明確に。
③色数を少なく 色は少ない方が、より洗練さを感じる。 色のアクセントもつきやすいため、メッセージを強める効果も。

ゴシック体は「横線も縦線も太さが同じ」という特徴があり、太く見えるため、「視認性が高い」といわれている。特に広い会場でプレゼンを行う場合は、後部に座っている人は明朝体だと非常に見づらいため、ゴシック体を使うのが原則。

20 [フォント]

ゴシック系の中では
メイリオがおすすめ

　ゴシック体といってもさまざまな種類のフォントがパソコンには用意されています。そんな中、私がおすすめしているフォントは「メイリオ」です。

　メイリオは視認性や可読性（読みやすさ）を最重視して開発されており、Windows にも Mac にも標準搭載されています。そのほか、「游ゴシック」もおすすめのフォントです。

　「ヒラギノ角ゴ」も視認性の高いフォントですが、Mac にしか標準搭載されていないため、同じファイルを Windows ともやりとりすることを考えると、メイリオか游ゴシックがよいでしょう。

●「メイリオ」を使った資料

Webサイト構築 ▶ ミニマルデザイン
①無駄を省く シンプルなミニマルデザインの最重要要素。 不必要な要素を省くと洗練され、エレガントな雰囲気に。
②余白を大きく 空間で美しさを感じさせるのがミニマルデザイン。 コンテンツを詰め込まないことで、メッセージも明確に。
③色数を少なく 色は少ない方が、より洗練さを感じる。 色のアクセントもつきやすいため、メッセージを強める効果も。

メイリオという名前は「明瞭（めいりょう）」という言葉が由来となっている。それほどに見やすさを第一に考えられたフォントなので、プレゼン資料で使用しても非常に見やすい。

●「游ゴシック」を使った資料

Webサイト構築 ▶ ミニマルデザイン
①無駄を省く シンプルなミニマルデザインの最重要要素。 不必要な要素を省くと洗練され、エレガントな雰囲気に。
②余白を大きく 空間で美しさを感じさせるのがミニマルデザイン。 コンテンツを詰め込まないことで、メッセージも明確に。
③色数を少なく 色は少ない方が、より洗練さを感じる。 色のアクセントもつきやすいため、メッセージを強める効果も。

游ゴシックは視認性・可読性が高く、洗練された美しい印象が特徴。細く感じる場合は、「游ゴシック Medium」という少し太めのフォントを活用する。

フォントの特徴を
理解して使い分ける

　明朝体はゴシック体よりも細身で「堅い、真面目、深刻」な雰囲気なので基本的には使いません。

　たとえば、楽しいおもちゃの新商品に関するプレゼンだったら、かなりミスマッチになります。

　ただし、明朝体はゴシック体よりも「見えにくいが、読みやすい」印象を与えるため、文字の量が多くなる配布資料に使うのは OK です。フォントの特徴を理解して資料ごとに使い分けができると、わかりやすさもグンとアップします。

●明朝体が向いていないプレゼン資料の例

新商品のコンセプト・方向性

一時の好奇心を
満たす「モノ」

▼

わくわくドキドキ
リアルな「体験」

子ども向けのおもちゃの企画書などに明朝体を使うと、フォントから感じる「堅さ・重たさ」が、おもちゃという楽し気な雰囲気にマッチしづらくなる。

●明朝体は配布資料に向いている

Web広告用語解説

■CPC（しーぴーしー／Cost Per Click）
クリック単価のこと。Web広告において、当該広告を閲覧したユーザーがクリックするたびにかかる費用を指す。
クリックされて初めて課金される。

■CPM（しーぴーえむ／Cost Per Mille）
Web広告において、1,000回表示されるたびにかかる費用を指す。
CPCと異なり、広告が表示されるだけで課金される。

■PPC（ぴーぴーしー／Pay Per Click）
クリック課金型広告の総称。ユーザーがクリックをするたびに広告費用の支払いが発生する仕組みのことを指す。

■CPA（しーぴーえー／Cost Per Acquisition）
顧客獲得単価のこと。新規顧客の獲得において、1人当たりどれほどの費用を必要としたのかを示すもの。

■検索連動型広告
検索エンジンの検索結果ページにおいて、ユーザーが検索したキーワードに対応した内容の広告が表示される仕組み。

■ディスプレイ広告
Webサイトやアプリの広告スペースに表示される広告。媒体、閲覧履歴、地域、年齢などのターゲティングに基づき表示される。

可視性が高い明朝体のフォーマットはスライドには不向きなかわりに、配布資料に向いている。

英文は誤読防止で「Arial」を使う

アルファベットは日本語と比べて形がシンプルなので、フォントによっては異なる文字でも形が似てしまうことがあります。資料を作り始める前に使用するフォントのアルファベットの形を確認して、文字ごとにはっきりとした形の違いが表れるフォントを選びましょう。

✕ フォントによっては誤読しやすい

Vacation

Vocation

「Century Gothic」というフォントの例。「Vacation（休暇）」と「Vocation（天職）」という単語で見比べると「a」と「o」の形が似ているため、単語を読み間違えてしまう可能性がある。

◯ 形の違いがはっきりしたフォントを選ぶ

Vacation

Vocation

これは「Arial」というフォントの例。「a」と「o」の形がはっきりと違うため、読み間違いの可能性は低いといえる。

POINT

● 「Arial」のほかには「Verdana」や「Segoe UI」もおすすめのフォントです。どちらも Microsoft 社が商標を持つ欧文書体で、世界中のパソコンで使用されている書体です。

フォントは最初から最後まで1種類にする

最初にフォントを1つ決めたなら、最後までそのフォントだけを使って資料を作りましょう。たとえば、メイリオを選んだのであれば、すべての文字をメイリオで統一します。57ページで説明したように特徴的な体裁を最後まで繰り返すことで、レイアウトやデザインにまとまり感が出てくるからです。

複数のフォントが混ざってくると、資料全体として統一感がなくなり雑多な印象を受けやすくなります。その結果「ここのフォント間違えたのでは？」と、勘違いを生む可能性もあります。

✕ 複数のフォントを使った資料

ワークスタイル変革 ▶ 失敗要因

①システム先行
新システムの機能の高さに関心が集中。
現場の実態・効果置き去りに。

②人事制度不適合
在宅勤務者の出勤管理やコアタイムの位置づけ等、事前に制度整備が必要だった。

③部署横断組織不在
各部の実態を横断的に把握・分析可能な組織がなく、"共通課題"の抽出が不十分に。

プロジェクトチームの発足が必須

このスライドはゴシック体と明朝体が混在している。このように複数のフォントを使うと統一感がなくなり雑多な印象を与えてしまう。ゴシック体同士でも、たとえばメイリオと游ゴシックとでは形が異なるため、どちらかに統一する。

◯ 1種類のフォントだけ使った資料

ワークスタイル変革 ▶ 失敗要因

①システム先行
新システムの機能の高さに関心が集中。
現場の実態・効果置き去りに。

②人事制度不適合
在宅勤務者の出勤管理やコアタイムの位置づけ等、事前に制度整備が必要だった。

③部署横断組織不在
各部の実態を横断的に把握・分析可能な組織がなく、"共通課題"の抽出が不十分に。

プロジェクトチームの発足が必須

このスライドは游ゴシックで統一されているのでスライド全体がまとまってみえる。このように通常のテキストやグラフ、表、イラストなど、どんな要素であっても1つのフォントだけを使う。

[フォント]

文字は太字、色、
サイズで強調する

　文字を強調する主な方法は、「太字」「下線」「赤字」の３つです。それぞれメリットやデメリットがあるので、押さえておきましょう。また、よく文字に影をつけているケースを見ますが、強調という点では効果が低く、余計な装飾になるだけなので、影はつけないのが原則です。

●**文字を強調する３つの方法**

　プロジェクト
　チームの発足が
　必須

太字：目立つのでタイトルや話のポイントとなる箇所に使うと効果的。ただし、元々太めのフォントをさらに太字にしてしまうと、文字がつぶれてしまうことがあるので注意が必要。

人事制度不適合
在宅勤務者の出勤管理や
コアタイムの位置づけ等、
<u>事前に制度整備が必要だった。</u>

下線：比較的長めの文章を強調する際に効果的。ただし、使い過ぎるとかえって読みづらくなるので、使うのは１〜２行程度に抑える。

"PREP"って、何？

Point
文章の「要点（＝結論）」部分

Reason
要点の「理由」を説明する部分

Example
理由の裏付けとなる具体例を話す部分

斜体：英文で強調したい単語に使うと効果的。日本語フォントは斜体に対応していないものも多いので、基本的には英文だけで使うのが無難。

配布資料の文字サイズの
最低ラインは12ptを目安にする

　モニターやプロジェクターで投影するためのプレゼン資料では、文字サイズを28ptを目安にすると解説しましたが、聞き手に配布する資料の文字サイズはもっと小さくても大丈夫です。

　配布資料はプレゼン資料から省いてしまった情報や関連情報を網羅的に補足する必要があるので、おのずと情報量が多くなります。そのため、1ページの中にある程度の情報を入れ込んでいくためには、文字サイズを小さくせざるを得ません。

　また、配布資料はプレゼン資料と違い、「1人で、手元で読む資料」なので、あまり文字を大きくする必要もありません。むしろ、文字数が多い場合は、小さめのサイズのほうが読みやすいので、配布資料の文字サイズは小さくてOKです。

　目安としては、最低ラインを12pt程度と考えておきましょう。これ以上小さいと、データがたくさん盛り込まれるビジネス資料では読みづらくなってきます。

　作成する資料の目的と読まれる（見られる）シチュエーションを考えたうえで、大きめの文字サイズにすべきなのか、小さめの文字サイズにすべきなのかを判断しましょう。

　なお、聞き手にご年配の方々が多い場合は、配布資料も気持ち大きめの文字サイズにします。その際は、14〜16ptあたりを最低サイズの目安にするといいでしょう。

Web広告用語解説

■CPC（しー・ぴー・しー／Cost Per Click）
クリック単価のこと。Web広告において、当該広告を閲覧したユーザーが1クリックするたびにかかる費用を指す。
クリックされて初めて課金される。

■CPM（しー・ぴー・えむ／Cost Per Mille）
Web広告において、1,000回表示されるたびにかかる費用を指す。
CPCと異なり、広告が表示されるだけで課金される。

■PPC（ぴー・ぴー・しー／Pay Per Click）
クリック課金型広告の総称。ユーザーにクリックされることで広告用の支払いが発生する仕組みのことを指す。

■CPA（しー・ぴー・えー／Cost Per Acquisition）
顧客獲得単価のこと。新規顧客の獲得においてて、1人当たりどれほどの費用が必要としたのかを示す数値。

■検索連動型広告
検索エンジンの検索結果ページにおいて、

■ディスプレイ広告
Webサイトやアプリの広告スペースに表示

配布資料はプレゼン資料と違い手元で読む資料なので文字サイズは大きく設定しなくてもいい。

Chapter 5

伝わるカラーの
セオリー

プレゼン資料の
色数は少なくする

　「色」にはさまざまな効果があります。これまでも説明してきたように、文字やグラフを強調したいときや、単調なスライドにアクセントをつけたいときは色をつけるだけで大きな効果が得られます。しかし、色は使い方を間違えると、かえってわかりづらくなることもあるため、プレゼン資料における色の使い方の原則を理解しておきましょう。

　その原則とは使う色の数を少なくするということです。プレゼン資料に限らず、色が多いビジネス資料は散漫な印象を与えます。また、使う色の数が増えれば増えるほど、どこが最も大切なのかがわからなくなります。

✕ 文字に複数の色を用いた資料

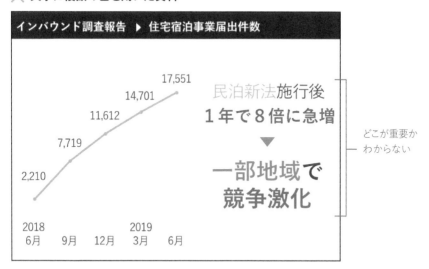

文字に多くの色を使うと何を一番伝えたいのかわかりづらくなる。

✕ 色数が多いグラフの資料

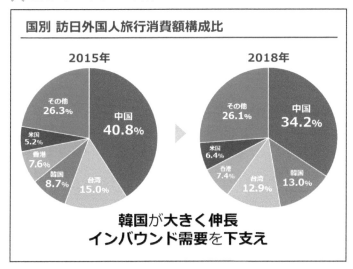

グラフに多くの色を使いすぎて注目するポイントがわからない。

◯ 色数が少ないグラフの資料

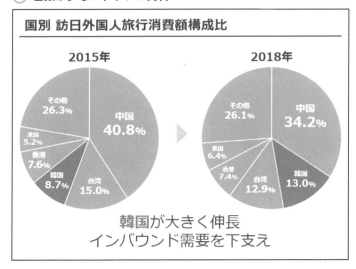

使われている色が少ないため、グラフのどこがポイントなのか見て一瞬で判断できる。

色は3色まで
使っていい

プレゼン資料で使っていい色の数は「背景色＋3色」までです。その3色を①ベースカラー、②メインカラー、③アクセントカラーの3つの役割で使い分けます。①ベースカラーは通常の文字などに使う色、②メインカラーは見出しや少し強調したい箇所に使う色、③アクセントカラーは特に注目してほしい箇所に使う色です。

ここで問題となるのが色の選び方です。ほとんどの人は配色の知識を持っていないため、どの色を使えばいいのかわからないと思います。プレゼン資料に限っては、背景色＋3色の選び方のルールを使って選びましょう。

次ページより解説するそのルールに基づけば、色選びに悩むことはなくなります。

● **プレゼン資料で使ってもいいのは3色まで**

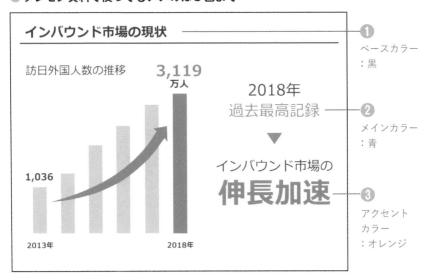

伝えたい内容の強弱に合わせて3色を使い分ける。このスライドでは黒がベースカラー、青がメインカラー、オレンジがアクセントカラーと3色を使い分けている。

背景色は白か
薄いグレーの無地が基本

IT系企業の製品発表会などでは、黒背景に白文字のスライドでプレゼンしているケースもあります。これは黒背景に白文字にすると、白背景に黒文字よりも文字が浮きだって見えるというメリットを活かしているのだと考えられますが、全体の配色を考えると難易度が高い背景色といえます。

そういった意味では、プレゼン資料の背景色としておすすめなのは、白か薄いグレーの無地です。ほかの文字や図形などの色を邪魔しないため、全体の配色がしやすくなるからです。

特におすすめなのは薄いグレーです。真っ白の背景で投影すると、強い光によって目が疲れてしまいますが、背景色を薄いグレーにすると画面の光が少し弱まるので、より見やすくなります。

ただし、グレーは濃過ぎると画面が暗くなってしまうので、気づくか気づかない程度の薄いグレーにしましょう。

また、どうしてもテンプレートを使用してスライドを作成しなければいけない場合は、なるべく装飾されていないシンプルなテンプレートを使いましょう。スライドの背景に余計な飾りや模様が入っていると、気が散って視線がそれやすくなるからです。

POINT

● テンプレートを利用する場合は、少しでも装飾が入っていると色数が増えたり、全体の配色が難しくなったりするので注意が必要です。

● 会社のイメージカラーやイベントのイメージカラーを背景色で使う場合も、テンプレートを利用する場合と同じく全体の配色が難しくなるので注意しましょう。

●おすすめは白か薄いグレーの無地

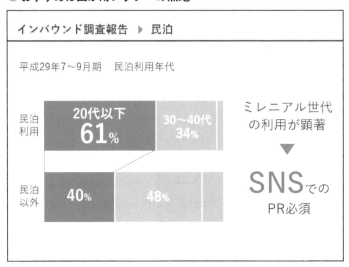

背景色はほかの色との相性や汎用性の高さをふまえ、白か薄いグレーの無地にするのがおすすめ。

●なるべく装飾されていないテンプレートを使う

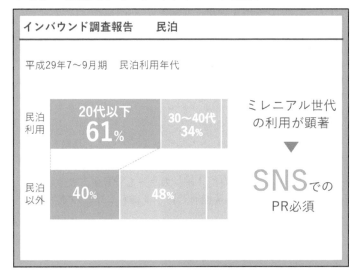

どうしてもテンプレートを使用してスライドを作成する場合は聞き手の気が散らないようになるべく装飾されていないテンプレートを使う。

ベースカラーは
濃いグレーを選ぶ

　背景色を白か薄いグレーの無地にした場合、ベースカラー（基本となる文字色）として最も相性がいいのが濃いグレーです。

　真っ黒にしてしまうと、投影したときに白い背景とのコントラスト（色の差）が強くなり過ぎてしまい、目がチカチカして聞き手の負担が大きくなります。そのため、濃いグレーにして、背景色とのコントラストを少し弱めた柔らかい色合いにしましょう。

　また、濃いグレーは色彩心理的にも、「品、落ち着き、高級感」を感じやすい色なので、ビジネス資料としておすすめです。

●濃いグレーをベースカラーにした資料

SEO対策 ▶ 目的

■SEO対策における"狙い"

● 目的は「上位表示」ではない
　⇒売上・照会件数・認知度UP等が目的
　⇒成功・失敗は最終成果で判断

● 検索結果に一喜一憂しない
　⇒ゴールを見据えた**中長期的取り組み**が必要

● 検索順位はアルゴリズムによる評価で決定
　⇒瞬間的に効果のある「特効薬」無し
　⇒有意義な記事の蓄積が重要

ベースカラー（文字の色）を濃いグレーにした例。見た目は黒に近く、視認性や背景とのコントラストなどもまったく問題ない。

メインカラー選びは
色相環を参考にする

　メインカラーとアクセントカラーはそれぞれ強調するために使う色なので、それぞれが色合いとしてマッチしつつ、目立つ組み合わせでなければいけません。そこでポイントになるのが色相環です。

　色相環とは、色の近しいものを円状に並べたものですが、この色相環における「向かい合う色同士」は互いにマッチしつつも、互いの色を最も目立たせ合います。そのため、メインカラーとアクセントカラーは色相環で向かい合う色同士を選ぶといいでしょう。

　この方法を使えば、色相環をもとにメインカラーを選ぶと、アクセントカラーも自動的に決まります。これでプレゼン資料の色選びは完了です。なお、色相環の向かい合う色は真反対でなくても大丈夫です。だいたい反対側にある色というイメージで選びましょう。

● 色相環と補色

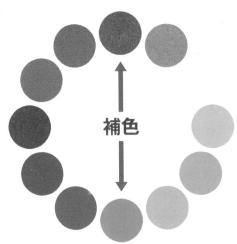

補色

色相環とは、色相（色味の違い）を円状に並べたもので、その色相環において向かい合う色を補色という。補色関係にある色同士は、お互いを目立たせ合うという性質を持っているため、その2つを組み合わせると、最もメリハリの利いた配色になる。

06　[メインカラー／アクセントカラー]

自分で選ぶのは
メインカラーだけ

　さて、107ページからここまでプレゼン資料における背景色＋3色の選び方を解説してきましたが、私がおすすめする背景色とベースカラーを選んだ場合、メインカラーとアクセントカラーは色相環で向かい合う色同士なので、自分で決めなければいけない色は「メインカラー」のみになります。これなら配色の知識がない人でも迷わず色を選べるはずです。

　色選びはとにかく奥が深いものですが、私がおすすめするこのルールをうまく活用して使う色を決めましょう。ただし、避けたほうがいい色もあります。それは黄色やネイビー、そして原色系です。明度や色味が強すぎたりベースカラーに似てしまったりするため、どうしてもという理由がなければ使うのは避けましょう。

● **背景＋3色の組み合わせ例**

❶背景　　　　❷ベース　　　　❸メイン　　　　❹アクセント

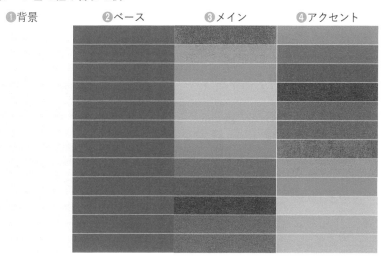

背景色（❶）とベースカラー（❷）は、原則としてそれぞれ薄いグレーと濃いグレーとして次にメインカラー（❸）をコーポレートイメージなどを参考に決める。メインカラーが決まれば、アクセントカラー（❹）は自動的に決まる。

色が持つイメージは
最大限に生かす

　メインカラーを選ぶ際に参考にしたいのは、色が持っているイメージです。たとえば、赤は温かみや情熱といったイメージを持つ一方で、危険性などを表すイメージもあります。

　こうしたイメージはほとんどの人が共通して持っているものです。そのため、プレゼンの内容に合った色が使われていると聞き手の理解が促進します。

　たとえば、注意喚起を行うようなプレゼンで赤を使うと、プレゼンの内容に赤の持つ危険や不安というイメージがプラスされて、聞き手の理解は深まります。そのような意味で私はよくポジティブなことを伝えるプレゼンは青、ネガティブなことを伝えるプレゼンは赤というように、プレゼンの内容に合わせて色を使い分けていますが、これも色が持つイメージを参考にした使い分け方です。

　このように、メインカラー選びでは人間が持つ色のイメージを最大限に生かすというのもポイントです。色の持つイメージを把握して、スライドの内容に合った色使いをしましょう。

●色が持つイメージの代表例

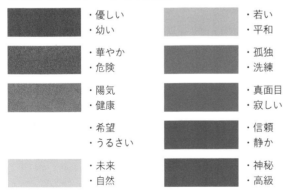

・優しい ・幼い	・若い ・平和
・華やか ・危険	・孤独 ・洗練
・陽気 ・健康	・真面目 ・寂しい
・希望 ・うるさい	・信頼 ・静か
・未来 ・自然	・神秘 ・高級

人間が持つ色のイメージは「1つの色で1つのイメージ」ではない。

●同じ内容でも色使いで印象が変わる

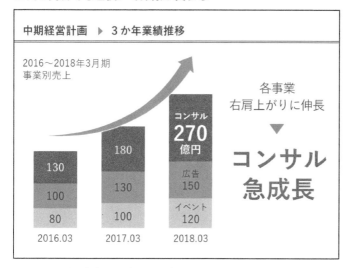

このスライドは売上アップというプラスの側面を伝えるものだが、メインカラーに赤を使っているため、プラスのイメージがあまり感じられない。

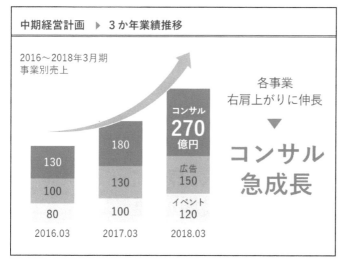

こちらのスライドからはプラスのイメージが伝わってくる。このように同じスライドでもメインカラーの違いでスライドの印象は変わる。

● スライドの内容に合ったイメージの色を使う

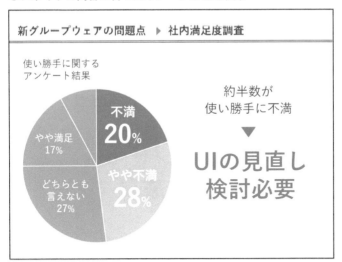

このスライドは問題提起というマイナス要素の強い内容なのに対して、青の持つイメージが合っていない。スライドの内容にそぐわない色を使ってしまうと聞き手に違和感を与えてしまう。

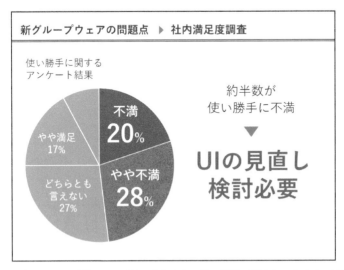

こちらのスライドはスライドの内容と赤の持つ危険、不良というイメージと合っている。このように色が持つイメージをスライドに活かせれば、内容がより伝わりやすくなり聞き手の理解が深まる。

会社やロゴの色は
メインカラーで使える

動画はコチラ
▼

https://dekiru.net/
pptpr_0508

　会社にオリジナルの背景テンプレートがあり、それを使わなければならない場合もあると思います。もし、そのテンプレートに会社のコーポレートカラーや会社ロゴが入っているときは、そのままメインカラーとして使いましょう。

　会社のイメージカラーを使うことで、色を増やさずに全体の色のバラつきを抑えられるし、同時に会社のイメージカラーをしっかり伝えられます。

● メインカラーにロゴの色を使う

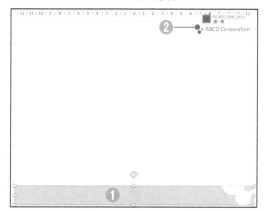

スポイト機能を使えば、ロゴ画像などから色を抽出できる。色を変更したい図形を選択して（❶）、[書式] タブ→ [図形の塗りつぶし] → [スポイト] 🖊 をクリック。マウスポインターの形がスポイトに変わったら、色を抽出したいオブジェクトをクリックする（❷）。

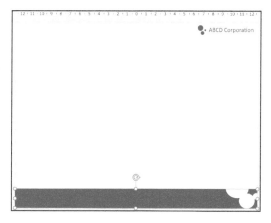

選択中の図形の色が、抽出した色に変更できた。この例では右上のロゴの色がスライドの下部にある図形に適用された。

PowerPointの [テーマの色]は使わない

PowerPointで新規スライドを作成すると、自動的にテーマが設定されます。テーマとはスライドのベーシックなデザインのことで、標準では[Office]テーマが設定されています。そして、PowerPointではこのテーマごとに色の組み合わせがあらかじめ用意されていますが、目立たない色の組み合わせになっているものもあるので、原則として使わないようにしましょう。

●[テーマの色]とは

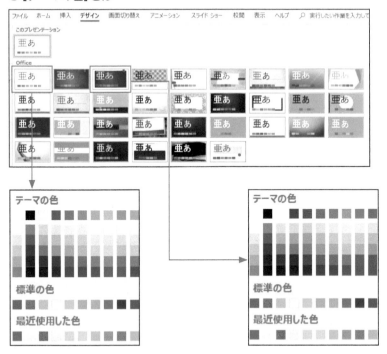

テーマは、[デザイン]タブから変更できる。デザインを変更すると、そのデザインにあった色の組み合わせが[テーマの色]として選べるようになる。テーマはデザインと連動しているため、文字や図形の色を[テーマの色]から設定していた場合は、デザインを変更すると文字や図形の色も自動的に変更される。

10 [色]
[色の設定]を色相関の
参考にする

　メインカラーとアクセントカラーは色相関から選ぶのが原則ですが、なかなか色相関を覚えるのも大変です。そういう場合は、PowerPoint の［色の設定］を開いてみましょう。［色の設定］では、おおよそ色相関に基づいて色が並べられているので、補色を選ぶときの参考にできます。

● [色の設定] ダイアログボックス

● 色相環

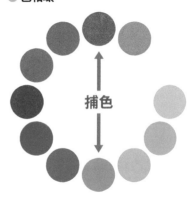

捕色

［図形の塗りつぶし］の［塗りつぶしの色］をクリックするか、［フォントの色］の［その他の色］をクリックすると、［色の設定］ダイアログボックスが表示される。このダイアログボックスの［標準］タブを開くと、色相環に近い並びのカラーパレットが表示される。

POINT

● ［色の設定］の［現在の色］には現在配色されている色が表示されます。カラーパレットの色をクリックすると［新規］に表示され、選んだ色と現在の色を見比べることができるので、補色を選ぶときに参考にしてみましょう。

11 ［色］
［テーマの色］を
カスタマイズする

動画はコチラ
▼

https://dekiru.net/
pptpr_0511

　PowerPoint では、［テーマの色］をカスタマイズできます。この機能を使ってメインカラーとアクセントカラーを設定してみましょう。［テーマの色］として選んだ色は、自動的にグラデーションも選べるようになります。なお、Chapter10 ではスライドマスターでテーマの色を変更する方法を紹介しています。

● 色をカスタマイズする

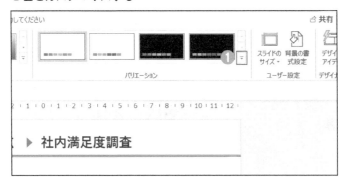

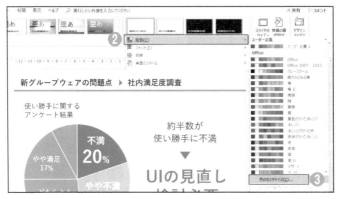

［デザイン］タブの［バリエーション］の（①）をクリック。［配色］（②）をクリックして、［色のカスタマイズ］（③）をクリックする。

[新しい配色パターンの作成] ダイアログボックスが表示されるので、ここで [テーマの色]を変更する。ここでは[アクセント1]（④）にアクセントカラーとして赤色を選択し、[アクセント 2]（⑤）にメインカラーとして青を選択。設定できたら、わかりやすい名前（⑥）を入力して [保存]（⑦）をクリックする。

保存したら、手順❷と同様にして [配色] を開き、[ユーザー定義] としてカスタマイズしたテーマの色が設定されていることを確認する（⑧）。

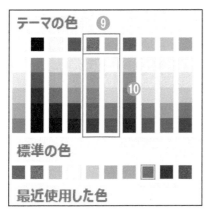

以降、色の設定をするときに、[テーマの色] の部分にカスタマイズした色が表示されるようになる（⑨）。テーマの色の下から、濃淡（グラデーション）のバリエーションも選べるようになっている（⑩）。

色に変化をつけるときは
明るさで差をつける

　プレゼン資料で使っていい色は「背景色＋３色」が原則ですが、もう少し色の変化をつけたいときは、その３色の明るさのグラデーション上から選びましょう。

　たとえば、ベースカラーを濃いグレー、メインカラーを青、アクセントカラーを濃いオレンジにした場合、下の例のような３色の明るさのグラデーションカラーを追加します。下の例では左に行けば行くほど「暗く（黒っぽく）」、右に行けば行くほど「明るく（白っぽく）」なっていますが、もとの色味自体は変わっていないので、追加しても雑多な印象を与えずまとまり感が得られます。

●明るさのグラデーション上の色を使う

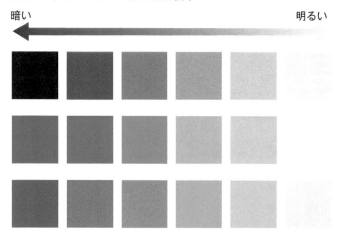

明るさのグラデーション上の色であれば３色と同系色になるため、色が増えるデメリットを抑えつつ、色の変化も生み出せる。

POINT ―――――――――――――――――――――――――――――――

●使う色は３色までというカラーのセオリーは忘れずに、ポジショニングマップなどで３色以外が必要になったときなどに使いましょう。

●すべての要素が同じ色のポジショニングマップ

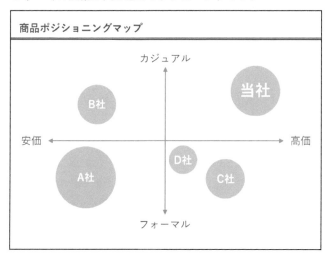

ポジショニングマップのように複数の図形を描く際は、すべて同じ色にしてしまうと色の変化がないため「どこが特に重要なのか」がわかりづらくなる。

●グラデーションを利用したポジショニングマップ

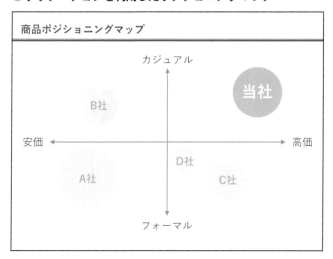

グラデーションカラーを使うと、目立たせつつ、全体の統一感も生まれる。

13 [グレースケール]
ネガティブ表現に
グレーを使う

　ネガティブイメージを持つ赤色を使わずにネガティブを表現する場合は、グレーを使ってみましょう。

　グレーは比較的マイナスイメージを抱きやすい色とされています。また、グレーはベースカラーの黒の明るさのグラデーション上の色に該当し、ほかの色を邪魔しないので、使い勝手のよい優秀な色ともいえます。

　赤が使えずにネガティブなことを表現したいときは、グレーを効果的に使いましょう。

●赤の代わりにグレーを使う

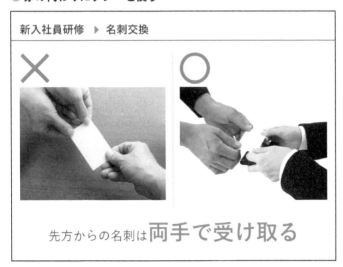

ネガティブな事例を紹介する場合、×印や画像をグレーにすると、ひと目でマイナスのイメージを伝えられる。

14 ［ グレースケール ］
画像をグレーに変換する

PowerPoint でカラーの画像をグレースケールに変換するには、画像を選択して［書式］タブの［色］からグレースケールを選びます。このほか、PowerPoint の［書式］タブでは下のような画像編集が行えます。シンプルな見せ方がベストですが、何か明確な意図がある場合は使ってもいいでしょう。

● PowerPoint の主な画像編集機能

❶［修整］

画像のシャープネス、明るさを修整できる。

❷［色］［アート効果］［透明度］

グレースケールにしたり、色温度を設定したり、色鉛筆で描いたような効果をつけたりできる。透過させることも可能。

❸［図の圧縮］［図の変更］ 　［図のリセット］

画像のデータ容量を減らしたり、図に行った編集をリセットしたりできる。

❹［図のスタイル］

図に写真のようなフレームをつけたり、縁の形を変えたりできる。

色数を少なくするのは、あらゆるデザインの基本

　本章ではビジネス資料において「使う色数を少なくする」ことの重要性をお伝えしましたが、実際のところこの原則はあらゆるデザインにおいて重要であり、配色の基本ともいえます。そのため、簡易的なチラシやWebのバナーなどの媒体物を業務の中で作ることがある方は、ぜひこの原則を意識してみてください。

　たとえば、バナーを制作するときは、画像と文字や線などを組み合わせて作ることが多いと思いますが、そのようなときは画像の中に出てくる色をうまく活用してあげましょう。

　下の写真は、私が実際に制作したバナー画像です。色数を少なくするために、文字や線などの色は、画像の女性が着用しているブルゾンの色をそのまま使い、デザインとしての「まとまり感」を出しています。

　ちなみに、このバナーの中の「写真撮影」という文字には、アクセントカラーとしてピンク色が使われています。この色ももちろん画像の中に出てくる色から採られていますが、どこの色を使っているかわかりますか？

「写真撮影」のピンク色は、女性の唇の色の明るい部分を使っている。色数を少なくする際は画像の中の色に注目するといい。

Chapter 6

伝わる図解と図形のセオリー

図解は見せるための
手段である

そもそも図解とは何のために行うのでしょうか？ その答えはプレゼン資料の役割を考えると見えてきます。第1章でプレゼン資料は「トークのサポート役」であり、読む資料ではなく見る資料だということを解説しました。つまり、文章ではなくグラフィカルに表現する必要があるということです。図解とはまさにこのグラフィカルに表現する手段といえます。

✕ 理解に時間がかかる長文の資料

インバウンド施策実行プロセス

◆ Plan（計画）
「地域の観光資源の洗い出し」を実施し、インバウンド施策を検討する。
観光資源の洗い出し実施時は、歴史的建築物・伝統行事・ご当地グルメ・景観等、地域特性に考慮する。

◆ Do（実行）
施策推進のための人材育成・準備、環境整備を行い、施策を実行する。
インバウンド先進地域（東京・大阪・京都等）が同様の施策を行っていた場合は、事前に施策実行における障壁・問題点等を確認しておく。

◆ Check（評価）
施策の評価（効果検証）を必ず行い、問題点・課題を抽出する。
効果を具体的に検証できるような数値目標を計画段階で設定しておく。

◆ Action（改善）
次回の実行に向けて、課題の解決・施策の改善を行う。

長文は時間をかけて読まなくてはいけないので、聞き手が短時間で内容すべてを理解するのは不可能。

◯ 瞬間的に理解できる図解の資料

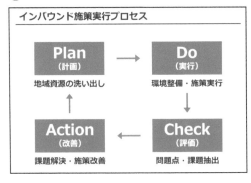

インバウンド施策実行プロセス

Plan（計画） → Do（実行）
地域資源の洗い出し　環境整備・施策実行

Action（改善） ← Check（評価）
課題解決・施策改善　問題点・課題抽出

図解であれば、聞き手は読まなくても瞬間的に理解できる。プレゼン資料では、文章を図に置き換えて伝えることを意識する。

02 ［図解］

図解の基本は「囲んで、つなぐ」

「図解って、表現方法がわからなくて難しい……」という声をよく聞きますが、ビジネス資料における図解の原則は1つだけです。それは「文字を枠で囲んで、線か矢印でつなぐ」ということ。

図解では、伝えたいことを正確に表現するために、それぞれの枠囲み同士の「関係性」をしっかり表すことが大切です。図解における関係性の表し方には、いくつかのパターンがあるので、次ページから解説していきます。

●枠で囲んで「線」か「矢印」でつなぐ

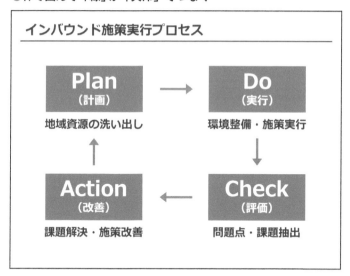

「Plan」「Do」「Check」「Action」の文字を枠で囲み、それぞれの間に矢印を入れてつなぐことで、4つの要素が「一連のプロセスである」と瞬間的に認識できる。

図解の表現方法には
定番パターンがある

　それぞれの囲み同士の関係性や「何を伝えたいのか」によって、囲みの配置、矢印の向き、線のつなぎ方などを適宜変えていくと、瞬間的にその大枠をつかむことができます。図解の関係性の表現方法は、フロー図、ベン図、ツリー図、サイクル図……など、いくつかのパターンがあります。まず、これらのパターンを覚えることが図解を使いこなすための近道です。

●プレゼン資料でよく使う主な図解パターン

①因果関係図

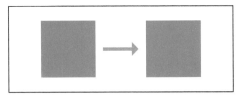

現象（結果）が、何によって（原因）もたらされているのかを表現するために使う。複雑に絡み合う問題のポイントを端的に示す際に効果的。131 ページで解説。

②対立構図

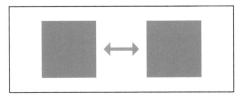

要素と要素の間に両矢印を置くことで要素同士の対立関係を表現する。因果関係を表現するときによく使う図解パターンの1つ。132 でページで解説。

③グループ化

枠の大きさと枠同士の距離を均等にすることで並列関係を表す。複数の要素をグループ化して並列関係を表現したいときに使う。133 でページで解説。

④フロー図

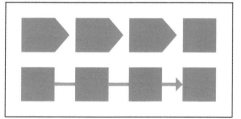

ある一連の作業・工程における手順や流れを表現する際に使う。流通経路やスケジュールなど、始まりから終わりまでが一連のプロセスで完結するものを表すときに使うと最適。134ページで解説。

⑤ツリー図

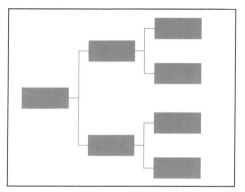

組織図など、1つの要素から複数の要素に枝分かれするものを表現する際に使う。全体像を伝えたいときに役立つ。なお、この図解を表現する際は「ヌケ・モレ・ダブリ」が出ないようにするのが重要。135でページで解説。

⑥サイクル図

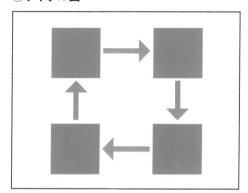

ある一連の手順で進み、繰り返される（循環する）ようなステップを表現したいときに使う。「循環している」のをイメージしやすいよう、スペースに余裕がある場合はなるべく輪の形に配置する。136でページで解説。

⑦ポジショニング図

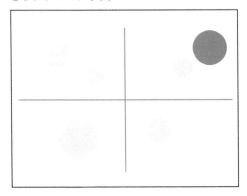

縦横の2つの軸で要素を分類し、それぞれの位置づけを表現する際に使う。競合他社との差別化ポイントや自社の強み・弱みなどを表したいときなどによく使われる。137でページで解説。

⑧ベン図

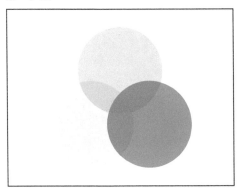

集合（モノの集まり）の関係性を表現する際に使う。2つの要素において共通する部分を表現したり、異なるもの同士を掛け合わせることなどを表したりする際に使うと効果的。138ページで解説。

⑨ピラミッド図

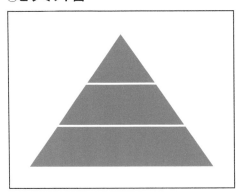

各階層の比例関係と階層関係を表現する際に使う。組織図や会社内のヒエラルキー構造を表現するときなどに使うと効果的。139ページで解説。

04 ［図解］
原因と結果がある事柄は「因果関係図」で図解する

　伝えたい事象において原因と結果を示したい場合に使うのが「因果関係図」です。図形と図形の間に矢印を配置して要素同士の因果関係を表現します。たとえば、「Aが原因でBという結果になった」のような関係を表現したいときはこの「因果関係図」を使います。

● 「因果関係図」で表現したプレゼン資料

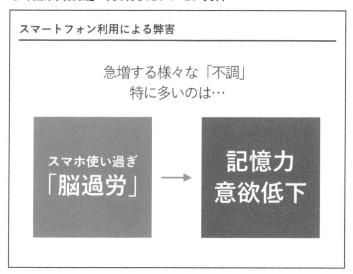

このスライドは「スマホの使い過ぎ」によって「記憶力・意欲が低下した」という原因と結果を図解で端的に表している。

05 ［図解］
相反する要素は
「対立構図」で表す

　相反する要素を図解するときは要素と要素の間に両矢印を配置して「対立構図」で表します。そのほか、ライバル関係を表すときや矛盾する2つの事項を図解するとき、また2つの事項を比較して見せたいときなどにも「対立構図」は使えます。

● 「対立構図」で表現したプレゼン資料

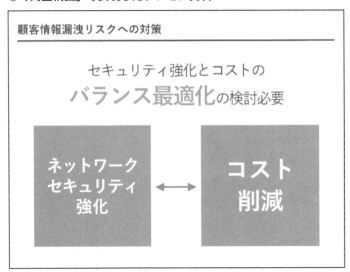

この例では、「セキュリティを強化する」と、その分「コストは上がってしまう（削減しにくい）」ということを図解で示している。

複数の要素は「グループ化」する

　同列の要素や共通点のある要素を1つのまとまりとして図解したい場合は、それら要素を1つの枠線で囲んで「グループ化」します。また、枠線のスタイルが統一されたグループ同士を近距離で等間隔に並べると同格・並列関係を表すことができます。

● 「グループ化」したプレゼン資料

世界中で利用されているSNSを大きな枠で囲んでグループ化しつつ、その中でも中国国内限定で利用できるという共通点を持ったSNSをさらに枠線で囲むことで、グループを細分化している。

07 ［図解］
一連の流れがある事柄は「フロー図」で図解する

業務などの作業工程や操作手順、進行スケジュールなど、ある事柄の一連の流れを図解するときは「フロー図」で表します。このとき、要素間に矢印を配置して「フロー」で表すより、PowerPoint の［図形］にある［矢印：五方向］のブロック矢印を使うと見た目的にもシンプルで伝わりやすい図解になります。詳しくは 144 ページで解説します。

● 「フロー」で表現したプレゼン資料

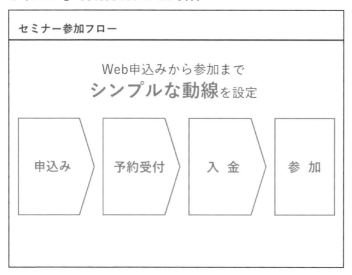

このスライドのように、セミナーの申し込みから参加までの間にいくつかの手続きがある場合など一連の流れがある事柄は「フロー図」で表すとひと目で伝わる。

08 ［図解］
枝分かれする複数の要素は「ツリー図」で図解する

　1つの要素から複数の要素に枝分かれするものを図解するときは「ツリー図」を使います。たとえば、階層構造や上下関係を表したい場合や情報の伝達ルートを表したい場合に効果的です。この図は、漏れや重複がない（ロジカルシンキングにおける MECE な状態）ことが重要です。

● 「ツリー図」で表現したプレゼン資料

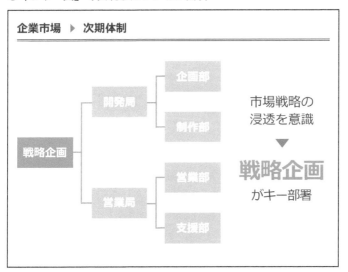

会社組織など複数の要素の階層構造を見せたいときには「ツリー図」を使うと効果的。

09 ［図解］
繰り返す流れは
「サイクル図」で図解する

　一連の流れを表現するフロー図とは違って、ある一定の順序を繰り返す手順を図解するときには「サイクル図」を使います。「循環図」とも呼ばれています。サイクル図にもさまざまなバリエーションがありますが、枠同士を矢印でつなぐのがわかりやすく、おすすめです。

● 「サイクル図」で表現したプレゼン資料

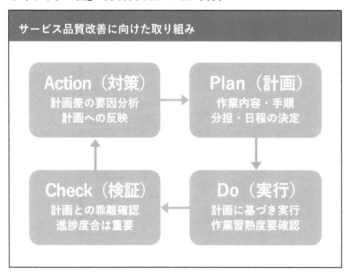

スライドのスペースに余裕がある場合は、なるべく輪の形に配置すると循環するイメージが伝わりやすくなる。

位置づけを表すときは 「ポジショニング図」を使う

　新商品のマーケティング施策などで競合との差別点を示す際や、競争優位性のある独自ポジションを示す際によく用いられるのが「ポジショニング図」です。縦軸と横軸の2次元の座標で4つのポジションに区切り、比較対象をそれぞれ各ポジションに位置づけます。

● 「ポジショニング図」で表現したプレゼン資料

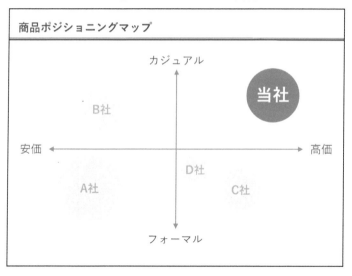

このスライドのように自社と他社を比べたときや競合商品を比べる際に「ポジショニング図」を使うとそれぞれの位置づけや強み、差別点が伝わりやすくなる。

11 ［図解］
モノの集まりの関係性は「ベン図」で図解する

　重なる円やそのほかの図形を利用して集合（モノの集まり）の関係性を表すのがベン図です。たとえば、類似商品の共通点と相違点の明確化など、複数の要素の関係性を視覚的に表したいときにベン図を使います。ベン図は円を用いると伝わりやすくなります。

●「ベン図」で表現したプレゼン資料

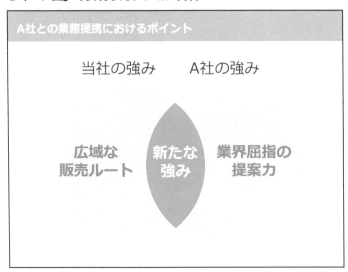

会社同士の関係性をベン図で表すことで業務提携のポイントがひと目で伝わる。

12 ［図解］
複数の項目の階層は 「ピラミッド図」で表す

複数の項目の階層をひと目で伝えるときはピラミッド図を使います。ピラミッド図はそれぞれの階層をピラミッド状に積み立てることで階層の上下関係や重要度などを明確に表現できます。

● 「ピラミッド図」で表現したプレゼン資料

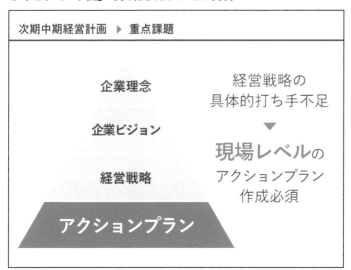

会社の経営計画のように、階層のあるものをピラミッド図で表すことで、それぞれの関係性や重要度がすぐに理解できる。

13 ［図形］
複雑な図形は
使わない

PowerPointには、さまざまな図形が用意されています。「爆発」「星」「リボン」など、多彩な表現が多く、いろいろな場面でつい使いたくなりますが、これらの図形は形が複雑で、見た目で雑多な印象を与えるので、基本的に使わないようにしましょう。図解ではシンプルな図形を使います。

✕ 複雑な図形を使った資料

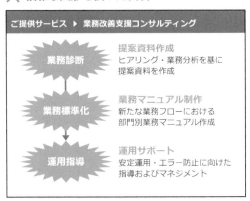

複雑な図形は雑多な印象を与えるため、原則として使わないのが無難。たとえば、フロー図を「爆発」の形にすると、インパクトはあるが、余計な情報や印象を与えてしまう。

◯ シンプルな図形を使った資料

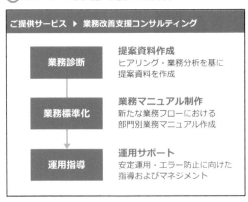

プレゼン資料では、基本的に見た目がシンプルな図形を使う。このほうが一瞬で形が判断しやすくなり、わかりやすい。また、洗練された印象にも映る。

14 ［図形］
図形に影は
つけない

図形に影をつけるとそれだけでリッチな見た目にできます。そのため、影は使いがちな表現ですが、これはなるべく避けましょう。枠線と同様に、**影がつくと図形が複雑化して「シンプル」に見えづらくなるため**です。また影が入ることでスライド内の余白も減ってしまうので、余計にごちゃごちゃとした印象を与えやすくなります。

✕ 図形に影が入っている資料

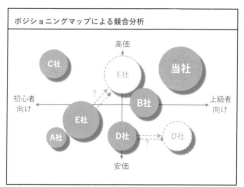

図形に影がついていると、複雑化してシンプルに見えない。またスライド内の余白が減ってしまい、ごちゃつきも出てくる。

◯ 図形に影が入っていない資料

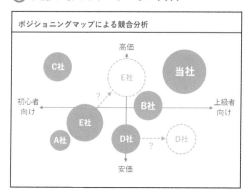

図形に効果（影、反射、光彩など）がついていないと、ごちゃつきが薄れて全体が非常にすっきりとして、形もはっきりとわかりやすく感じる。

15 ［図形］
なるべく図解では楕円は使わない

　図解で使う図形はシンプルな図形がベストと 140 ページで解説しましたが、シンプルならどんな図形でも構わないというわけではありません。たとえば、楕円は正円に比べて窮屈な印象を与えます。また、楕円よりも正円の方がレイアウトのバランスがとりやすいことも挙げられます。スライドが完成したときの見映えのよさを考慮すると私はなるべく正円を使うことをおすすめします。

✕ 楕円を使った資料

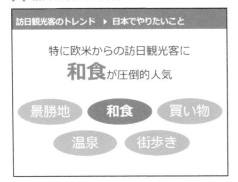

正円に比べて楕円はオブジェクトがつぶれて窮屈な印象を与える。

◯ 正円を使った資料

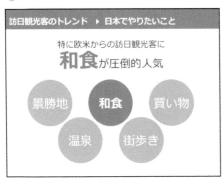

×例と同じ構成・情報量でも楕円を正円にしただけでレイアウトのバランスがよくなり、図内の文字も読みやすくなる。

16 ［図形］
図形は聞き手に
合わせて使い分ける

　図形は聞き手に合わせて使い分けると効果的です。たとえば、明るくポップな雰囲気を伝えるプレゼンや女性や子供向けのプレゼンでは、四角い図形の角を丸くします。角を丸くすると、カジュアルで柔らかい雰囲気になり、プレゼン資料の内容や印象がより伝わりやすくなります。

●女性向けのプレゼン資料

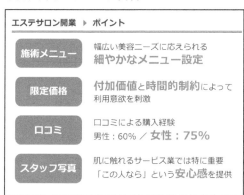

図形の角を丸くすると女性や子供好みのカジュアルさを表現できる。

●男性向けのプレゼン資料

図形の角を鋭角にすると、男性に好まれやすいスタイリッシュな印象を与えられる。

17 ［図形］
フロー図の流れの見せ方を工夫する

　フロー図を作成するとき、各要素間に矢印を置いてフロー図を完成させる人は多いと思います。2つか3つの要素であれば問題ありませんが、5つ6つと多くなった場合、それら全部を1つ1つ矢印でつなぐと図解が雑多に見えてしまいます。そんなときはPowerPointの［矢印：五方向］のブロック矢印で表すか、フロー図全体を1本の矢印でつなぐと雑多な印象が出ずに伝わりやすくなります。

●ブロック矢印を使ったフロー図の資料

PowerPointの［矢印：五方向］のブロック矢印を使うと見た目もすっきりして伝わりやすくなる。

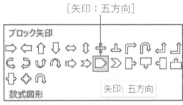

● 1本の矢印でつないだフロー図の資料

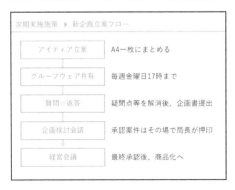

各オブジェクトを1本の矢印でつなぐことで全体がすっきりして見える。

18 ［図形］

[SmartArt] 機能で図解を作成する

動画はコチラ

https://dekiru.net/
pptpr_0618

　PowerPoint には一瞬で図を作成できる［SmartArt］機能という機能があります。用意された 80 種類以上の図表テンプレートから簡単に図を作成できるので、たとえば、急いでプレゼン資料を作成しなければならないときはこの［SmartArt］機能を利用すると作成時間を大幅に短縮できます。

● [SmartArt] 機能で簡単に図を作成する

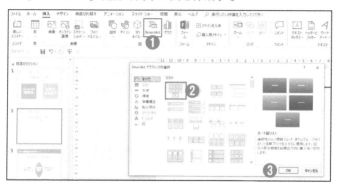

［挿入］タブの［SmartArt］（❶）をクリックすると［SmartArt グラフィックの選択］ダイアログボックスが表示される。このダイアログボックスではカテゴリ別にテンプレートが並んでいるので、使いたいもの（❷）を選んで［OK］（❸）をクリック。

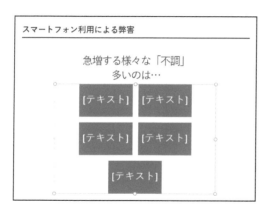

図のテンプレートが作成される。あとは項目や図のサイズ調整などを行って図を完成させる。

19 ［図形］

ベン図は［図形の結合］で作ると自由度が高い

動画はコチラ
▼
https://dekiru.net/
pptpr_0619

　ベン図は［SmartArt］機能で簡単に作成できますが、［SmartArt］機能で作成したベン図は要素の区切り線を加工できないなど、やや自由度に欠けます。より自由度の高いベン図を作成するときは［SmartArt］機能ではなく、［図形の結合］機能を利用します。

● ［図形の結合］でベン図を作成する

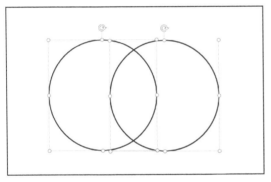

スライドに同じ大きさの正円を挿入し、このように重ねて配置。2つの円を選択した状態で、［書式］タブの［図形の結合］→［切り出し］をクリックする。

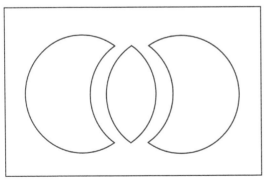

［切り出し］機能を使うと図形が枠線の位置で分解されるので、それぞれに色を塗ることができる。この状態でベン図を表現する。

●ベン図で表現できる主な領域

① A である

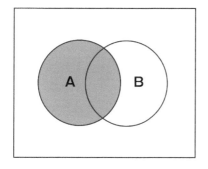

② B である

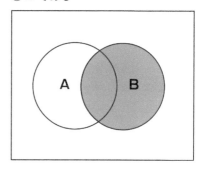

③ A だが B ではない

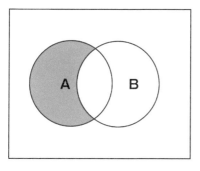

④ B だが A ではない

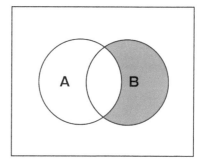

⑤ A かつ B である

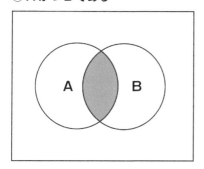

⑥ A と B である

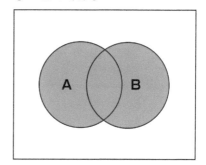

20 ［図形］
図形の中にも
余白を確保する

　見出しや図解の際、文字を四角や丸で囲むケースもよくありますが、この
ときは文字と図形の枠線の間にしっかり余白を作りましょう。文字が少し小
さくなっても、余白があるほうが見やすいので、図形の文字を大きくし過ぎ
ないように意識しましょう。

✕ 余白が少ない図形の資料

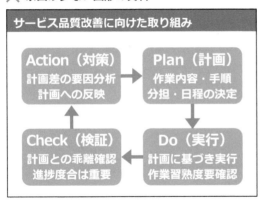

図形の中の文字を大きくすると
枠線と文字が接近し過ぎて、余
白が少なくなり見づらい。

◯ 余白がある図形の資料

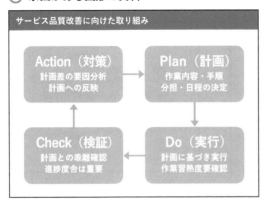

枠線と文字の間にしっかりと余白
が確保されていると読みやすい。

21 ［図形］
図形内は余白と
行間のバランスが大切

　図形内に複数行の文章を入れる場合は図形内の余白と文章の行間のバランスに気をつけましょう。このバランスが悪いと図形内の文章が読みづらく、図形も窮屈な印象を与えてしまいます。行間は周りの余白より狭くすると読みやすくなります。

✕ 余白と行間のバランスが悪い資料

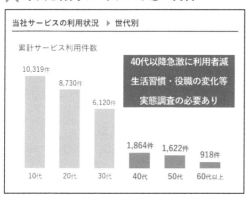

図形内の余白と文章の行間のバランスが悪いと、どうしても全体が間延びして読みづらい印象を与えてしまう。

◯ 余白と行間のバランスがとれている資料

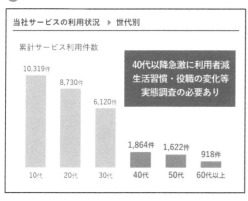

図形内の余白と行間のバランスが取れていると図形内の文章でも読みやすい。文章の周りに行間以上の余白を作るのがポイント。

文字量が多い図形に
図形サイズを合わせる

　プレゼン資料を作成する際に複数の図形を配置してそれぞれに文章を入れるレイアウトにする場合もあると思いますが、各図形の文字量に合わせて図形サイズを決めてしまうと不均等になってしまいバランスの悪い資料になってしまいます。そういうときは文字量が一番多い図形にサイズを合わせるようにすると図形サイズの均等が取れるようになります。

✕ 各図形の文字量に合わせた図形サイズの資料

図形ごとの文字量に合わせて図形サイズを決めてしまうと図形サイズがバラバラな資料になってしまう。

◯ 文字量が多い図形に合わせた資料

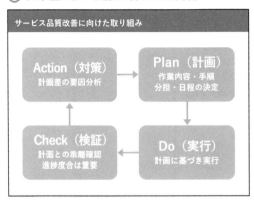

文字量が一番多い図形にサイズを合わせると図形サイズの均等が取れ、各図形も読みやすくなる。

23 [図形]

図形に直接文字を
入力しない

PowerPointでは、図形を右クリックして［テキストの編集］を選ぶと、図形内に直接文字を入力できます。しかし、この方法だと文字レイアウトの自由度が少なく、図形の余白設定によっては文字がはみ出してしまいます。そのため、図形上に文字を載せたい場合は、図形とは別にテキストボックスを用意しましょう。このとき、先にテキストボックスに文字を入力してから、そのサイズに合うように図形を描いたほうが、あとから図形サイズを調整するよりも簡単です。

●図形上にテキストボックスを置く

必要なテキストをすべて先に入力してから、一番大きいサイズに合わせて図形を作成する。あとはほかのテキストボックスに同じ図形をコピーして置いていく。図形を描いたら、図形をテキストの背面に移動するのを忘れずに。

24 ［図形］
図形の中に文字を入れる 2つのパターン

　図形の中に文字を入れる場合は、「図形に色を塗り、文字を白抜きにする」か「図形を白くして、文字に色をつける」の2つの見せ方があります。私がおすすめするのは前者の「図形に色を塗り、文字を白抜きにする」パターンです。このほうが、図形がすっきりシンプルに見えるので、瞬間的に伝わりやすくなるためです。ただし、これは必ずそうしなければいけないことではないので、ケースバイケースで使い分けしましょう。

●図形に色を塗って文字を白抜きにする

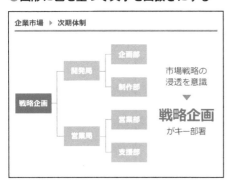

全体的にすっきりシンプルに見えるため、図形の形もはっきりわかりやすく感じる。

●図形を白抜きにして文字色をつける

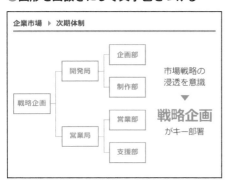

ややすっきりさに欠けるが、スライド全体の色合いを考慮して白の面積を意図的に増やしたいときは、こちらのパターンがおすすめ。

25 ［枠線］
図形の枠線は
太くし過ぎない

「図形を白くして、文字に色をつける」パターンや、そのほかの図形をスライドに描く際は、「図の枠線は太くし過ぎない」ことが重要です。図の枠線が太過ぎると、図形が複雑化して「シンプル・すっきり」に見えづらくなるためです。

　また、あまりにも枠線を太くし過ぎてしまうと、違う図形に見える（図形の形そのものが認識しづらくなる）こともあり、また、枠線ばかりに目線が向かってしまうということも起きます。

✕ 枠線が太過ぎる図形の資料

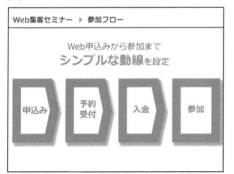

フロー図の線が太過ぎるため、右向き五角形の形が認識しづらくなっている。

◯ 枠線が細い図形の資料

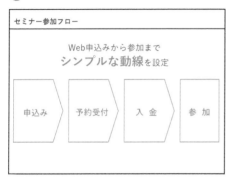

枠線は太くし過ぎず、すっきり細い線で描く。このほうが目は物の形を認識しやすくなる。

図形と枠線の
両方に色をつけない

　図形に色づけしたときは図形と枠線の両方に色をつけないようにしましょう。色は図形を目立たせる目的のほか、その図形の形を明確にするためにつけます。図形または枠線どちらかに色がついていれば、両方に色をつける必要はありません。また、PowerPointでは最初から図形に枠線も色も両方ついているので、必ずどちらか一方だけにしましょう。

✕ 両方に色がついた資料

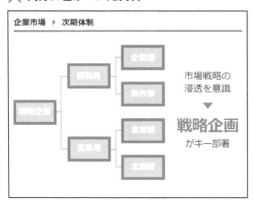

図形と枠線の両方に色をつけると、シンプルさが失われ、やや雑然とした印象を受けてしまう。

◯ どちらかにだけ色がついた資料

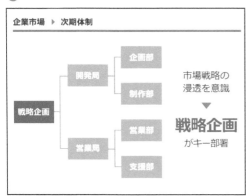

図形なら図形だけ、枠線なら枠線だけに色をつけるようにすると、より全体がすっきりと見えて、図形もはっきり認識できる。

27 ［枠線］
実線と点線を使い分ける

　図解では実線と点線の使い方もポイントになります。それは人は線の種類によって感じ方が異なるからです。たとえば、ビジネス資料では過去の実績は実線、獲得目標などは点線というように、時間軸を表現する場合に線の種類の違いで表現することが多くあります。これは実線を使うと「存在している」と感じる人が多く、点線を使うと「存在していない」と感じる人が多いためです。

　また、事柄同士のつながりの強弱や継続性を表す際なども、つながりが強いときは実線、弱いときは点線、継続的なら実線、一時的なら点線というように、実線と点線で使い分けることがあります。

　このように、わかりやすい図解を作成するうえでは実線と点線の効果的な使い分けも重要になります。

●点線と実線を用途によって使い分ける

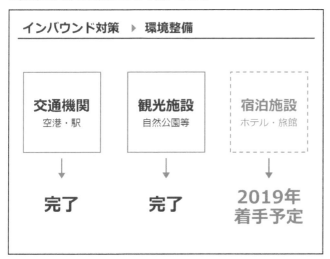

点線は目標や計画、予測など未来のものを表現するとき、一時的や弱いつながりを表現するときに使う。

矢印はなるべく
目立たせない

　矢印もプレゼン資料で非常によく使う図形ですが、使うときはなるべく目立たないようにしましょう。なぜなら、矢印は脇役であって、本当に伝えたいことは矢印の前後に置かれたものの変化だからです。

✕ 矢印が目立つ資料

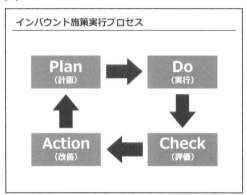

このスライドのように矢印が目立つと、本当に伝えたいことに意識が向きづらい。

◯ 控えめな矢印の資料

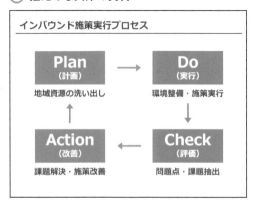

矢印を目立たなくするには、形を細くしたり、小さな三角を横向きで使ったりする。もし、大きい矢印を使う場合は、色をなるべく薄くして使う。

29 [矢印]

小さな三角形を
矢印代わりに使う

動画はコチラ
▼

https://dekiru.net/
pptpr_0629

　PowerPoint の［図形］の［二等辺三角形］を矢印の代わりにします。こ
うすることで必要以上に目立たせずに矢印を表現できます。サイクル図など
図形同士をその都度矢印でつなぐ必要がある図解や因果関係図などで利用す
ると、よりシンプルに表現できます。

●目立たない三角形矢印を作る

［挿入］タブの［図形］（①）の［基本図形］から「二等辺三角形」（②）をクリックする。

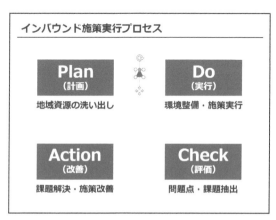

スライド上でクリックすると正三角形が挿入される。配置する場所に合わせて Shift キーを
押しながらドラッグして縮小する。

●三角形に色をつけて位置を調整する

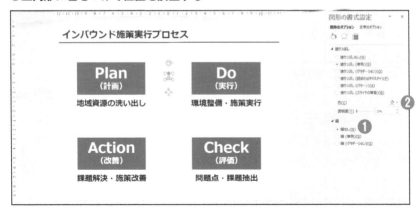

三角形を右クリックして表示されるメニューの［図形の書式設定］をクリックし、［図形の書式設定］作業ウィンドウを表示する。ここで塗りつぶしの色や線を設定。ここでは線はなし（❶）、塗りつぶしの色はグレー（❷）にしている。

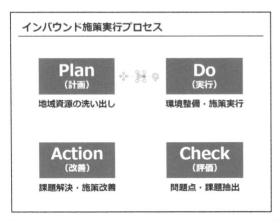

［回転ハンドル］をドラッグして、三角形の向きや位置を調整する。

POINT

● ［回転ハンドル］を Shift を押しながらドラッグすると、15度ずつ回転します。45度や90度などに正確に合わせたいときは、 Shift を押しながら回転させましょう。

30 [矢印]
矢印を好きな方向に曲げる

動画はコチラ
▼

https://dekiru.net/
pptpr_0630

PowerPoint には さまざまな図形が用意されています。しかし曲がった矢印を使いたいときは、ちょうどよい角度のものが用意されておらず、狙い通りに矢印を伸ばすのが大変です。そういう場合は、自由に曲げて描ける［曲線］を使って矢印を作成しましょう。線なので、始点から終点に向かってだんだん大きくするといった表現はできませんが、シンプルな見た目の矢印が作れます。

● PowerPoint のブロック矢印の例

矢印：下カーブ

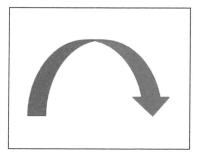

矢印：Uターン

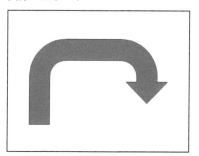

矢印：環状

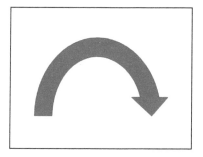

矢印：折線

PowerPoint のブロック矢印の場合、曲線は決まったパターンでしか描けない。

●曲線を描く

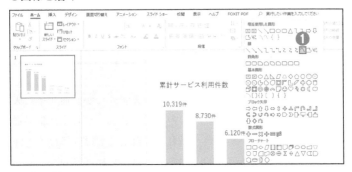

［曲線］（❶）を選択する。

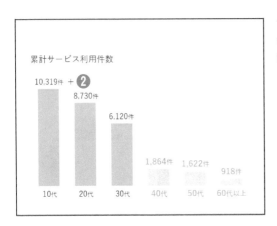

マウスポインターの形が十字に
なるので、曲線の始点となる位
置（❷）をクリックする。

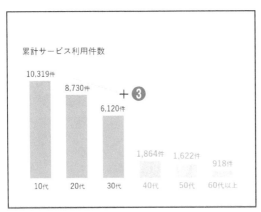

曲線を曲げたい位置（❸）でク
リックする。

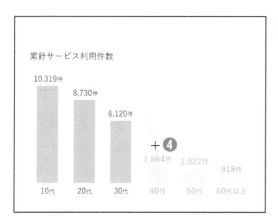

曲線の終点となる位置（**4**）を
ダブルクリックする。

●曲線を矢印にする

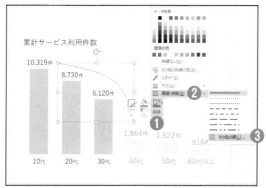

曲線を右クリックして表示され
るメニューの［枠線］（**1**）→［実
線／点線］（**2**）→［その他の線］
（**3**）をクリックする。

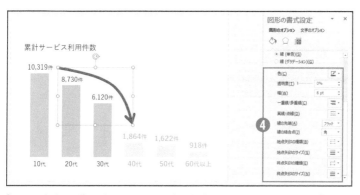

［図形の書式設定］作業ウィンドウで線の書式を変更して矢印にする（**4**）。

31 ［矢印］
矢印を
カスタマイズする

動画はコチラ

https://dekiru.net/
pptpr_0631

　PowerPoint の線矢印を使う場合、初期設定では線が細く、先端が三角形のシンプルな矢印になります。しかし、これでは全体の雰囲気に合わなかったり、細過ぎて見えづらかったりする場合もあるでしょう。そういう場合は、線矢印をカスタマイズします。なお、PowerPoint では線矢印以外に、「ブロック矢印」も用意されています。これらは状況によって使い分ければよいですが、シンプルなスライドを作るという観点では、線矢印をカスタマイズするのがおすすめです。

●初期設定の線矢印

線矢印は、初期設定では細すぎる。

●ブロック矢印

太さや先端のサイズを変更できるが、自由度が低い。

●カスタマイズした矢印

太さや先端の形状をカスタマイズして、スライドのイメージと揃えて使う。

●線矢印をカスタマイズする

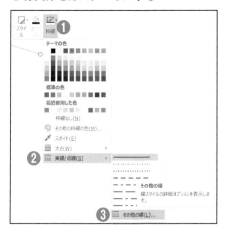

[線矢印] で線を描いたら線を右クリックし、表示されるメニューの［枠線］（❶）→［実線／点線］（❷）→［その他の線］（❸）をクリックする。

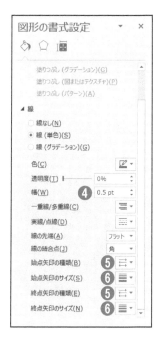

［図形の書式設定］作業ウィンドウが表示されるので、［線］の各項目から設定する。

❹ ［幅］
初期設定では 0.5pt なので、3pt 程度を目安に設定する。

❺ ［始点矢印の種類］［終点矢印の種類］
矢印の先端の形状を設定できる。矢印以外にも、●や◆に変更できる。

❻ ［始点矢印のサイズ］［終点矢印のサイズ］
矢印の先端のサイズを設定できる。太さとのバランスを考えて設定するのがポイント。

32 ［吹き出し］
吹き出し口は
狭く小さくする

　よく使う図形に「吹き出し」がありますが、この吹き出しを使うときは、「吹き出し口の形とサイズ」に注目しましょう。吹き出し口が広いと吹き出しのバランスが悪く見えるので、吹き出し口は狭く小さく設定します。

✕ 吹き出し口が広い資料

吹き出し口が横に広がったり、大きい口になっていると、不格好に見える。

○ 吹き出し口が狭くて小さい資料

吹き出し口が狭くて小さい吹き出しは綺麗に見える。

33 ［吹き出し］
調整できないときは 吹き出しを自分で作る

動画はコチラ

https://dekiru.net/
pptpr_0633

挿入した吹き出し口をうまく調整できない場合、使い勝手が悪く感じた場合は PowerPoint の［図形の結合］機能を利用して自分で吹き出しを作ってしまいましょう。こうすることで、サイズや向きを自由に設定できます。

●結合する三角形と四角形を挿入する

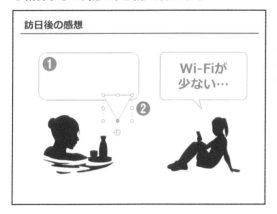

［挿入］タブの［図形］をクリックして、［四角形：角を丸くする］（❶）と［二等辺三角形］（❷）を挿入し、図形の［塗りつぶし］を［塗りつぶしなし］にする。

吹き出し口になるように三角形の角度、サイズ、向きを調整する。

● [図形の結合] 機能で三角形と四角形を結合する

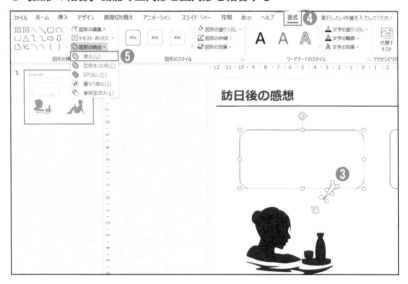

四角形と三角形を両方選択した状態（**3**）で、[書式] タブ（**4**）の [図形の結合] → [接合]（**5**）をクリックすると吹き出しが完成。

吹き出しとは別にテキストボックスで文字を入力して重ねて配置する（**6**）。

POINT ―――

● 挿入する三角形は、少し縦長の二等辺三角形にすると、口が「狭くて・小さい」形になります。

● 三角形を回転させて角度を変えてから [接合] すれば、好きな方向に口を向けることも可能です。

34 ［吹き出し］
吹き出し口の
向きを調整する

動画はコチラ
▼

https://dekiru.net/
pptpr_0634

吹き出しは、吹き出し口がどこを向いているかがポイントになります。吹き出し口の向きは自由に調整できるので、向けたい方向に調整しましょう。

●吹き出し口の向きを変更する

向きを変更する吹き出しを右クリックして表示されるメニューから［頂点の編集］をクリックする（❶）。

吹き出し口の先端の■をドラッグして向きを変更する（❷）。

35 ［アイコン］
長文をアイコンに
置き換える

　いわゆるピクトグラムやシルエット図は「アイコン」といいますが、長文の代わりにアイコンを使っても資料がすっきりわかりやすくなります。伝えたいことはアイコンのビジュアルイメージに置き換えましょう。

✕ 理解に時間がかかる長文の資料

訪日外国人消費動向　▶　費目別内訳
2018年における訪日外国人の旅行消費総額を費目別にみた場合、最も多かったのは、 1位：買い物（34.9%）、2位：宿泊費（29.2%）、 3位：飲食費（21.6%）となっている。 2017年と比較すると、宿泊費と飲食費が1%以上増加し、買い物代が2.3%減少。 今後は爆買いなどの「モノ消費」から、体験に価値を見出す「コト消費」へのシフトが加速すると想定される。

長文は理解するのに時間がかかるうえに、読んでいる間に、プレゼンが進んでしまうこともある。

○ 瞬間的に理解できるアイコンの資料

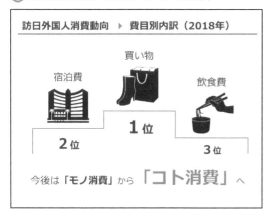

訪日外国人消費動向　▶　費目別内訳（2018年）

買い物
宿泊費　　飲食費
1位
2位　　**3位**
今後は「**モノ消費**」から「**コト消費**」へ

アイコンは視認性が高く、表現も簡潔でわかりやすいので、伝えたいイメージが瞬間的に伝わる。

36 [アイコン]
アイコンは素材を使う

アイコンもプレゼン資料において重要なオブジェクトの1つですが、自作する必要はありません。PowerPoint に用意されているので、まずはそれを使ってみましょう。もし、その中に適切なものがなかったら、Web 上で無料で取得できるので、それらを使います。

● スライドにアイコンを挿入する

[挿入] タブの [アイコン] をクリックすると [アイコンの挿入] ダイアログボックスが表示されるので、使いたいものを選択して挿入する。

● Web 上でアイコンを取得する

アイコンが無料で取得できる Web サイトが多数あるので各サイトの利用規約を守ったうえで、うまく活用する。この画面はフリーイラスト素材サイト「シルエット AC」（https://www.silhouette-ac.com/）。

スティーブ・ジョブズ氏の
プレゼンをお手本に！

　PowerPoint の資料を作っていると、ついつい自分の言いたいことや伝えたいことを文章で長々と書いてしまいがちです。ただ、PowerPoint は「読む資料」ではなく、「見る資料」なので、Chapter1 でもお伝えしたとおり図などを使ってなるべくグラフィカルに作りたいところ。

　実際に、プレゼンが上手いといわれる人のプレゼン資料は、図やアイコン、シンプルなグラフなどが多用されており、文字の量は非常に少なくなっていることが多いです。

　わかりやすい例としてよく挙げられるのは、スティーブ・ジョブズ氏。彼が実業家として非常に優れていることは周知の事実ですが、プレゼンが上手い（わかりやすい・伝わる）ことでも世界的に有名です。これまで私たちが彼のプレゼンを目にする機会として多かったのは、iPhone の新作発表時ではないでしょうか。現在でも YouTube など動画共有サービスでそのときの様子を閲覧できますが、彼のプレゼン資料を見ると、一画面に映し出されるのはアイコンが2〜3個並んでいるだけだったり、とっても簡単な図解がなされているだけだったりと、たくさんの文章や情報が詰め込まれた資料には決してなっていません。彼のプレゼンを目にすると、改めて「PowerPoint は主役ではない」ということがよくわかると思います。

　もちろんプレゼンの内容やケースによって、ジョブズ氏のような超シンプルな資料にはできないときも多々あると思いますが、意識としては彼のプレゼン資料をお手本にしてみるのもよいのではないでしょうか。

Chapter 7

伝わる画像のセオリー

01 [画像]

画像はここぞと
いうときに使う

　プレゼンにおける画像は明確な「目的」を持って使いましょう。

　具体的にいうならば、「インパクトを与えたい場合」や「イメージを共有したい場合」などは画像を使うといいケースです。たとえば、商品写真は多く見せたくなるものですが、最もインパクトを与えられるものに絞って見せることで聞き手に強い印象を残せます。

　また、「画像を使わないと伝えたいことがはっきり伝わらない場合」も効果的なケースです。旅行のツアー企画のプレゼンなどでは、旅先の魅力を言葉だけで表現しても伝わらないことがあります。「ここは朝日が綺麗な場所で……」と話しても、聞き手が想像する朝日のイメージがそれぞれ違うからです。現地の写真を見せたほうが、全員が同じ朝日をイメージできるようになるので、言葉よりもビジュアルのほうが明確に伝わる場合は画像を使いましょう。

●**画像を使わないと伝わらないときに使う**

タイの楽園・ホアヒンで
人生最高のひとときを過ごしませんか？

トークでは伝えたいことが明確に伝えきれないケースでは、画像を使ってビジュアルでしっかり見せる。

02 ［画像］
共感を呼びたいときに画像を使うのは有効

　お客様向けの社外プレゼンなど、聞き手の感情を動かして共感を呼びたいときは、要所で画像を使いましょう。画像はとても強いインパクトを与えやすいので、言葉だけよりも感情が動きやすくなります。

　たとえば、「コストが肥大化して、お悩みじゃないですか？」というメッセージを伝えたいときは、背景に費用増を思わせるようなグラフの画像を載せると、聞き手の感情が動きやすくなり、共感を得やすくなるでしょう。

✕ アイコンを使った資料

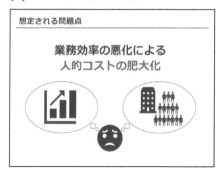

アイコンは文章よりわかりやすいが、共感を呼ぶには少しインパクトに欠ける。

◯ 画像を使った資料

同じビジュアル要素でも、画像のほうが強いインパクトを感じやすく、聞き手が感情移入しやすくなる。そのため、キーメッセージの内容に対して共感しやすくなる。

画像は表紙や
まとめで使う

　プレゼンの「表紙」と最後の「まとめ」に画像を使うのも一定の効果が見込めます。画像はインパクトが強いため、表紙に使えば聞き手の関心や興味を一気に惹きつけることが期待でき、まとめに使えばプレゼン内容を強く印象付けて終われます。画像は明確な目的を持って使うことが大切です。

✕ 文字のみの表紙の資料

> 2020年度
> # 新卒採用説明会
>
> 2019年10月12日
> 株式会社○△□化粧品

プレゼン資料においてシンプルな見栄えにすることは重要だが、ターゲットによっては、表紙がシンプル過ぎるとプレゼンへの興味が湧きづらくなる。

○ 表紙に画像を使った資料

表紙でインパクトのある画像を使うことで、聞き手はスタートから関心を持ちやすくなる。また、プレゼン内容のイメージも同時につかむことができる。

●まとめのスライドでプレゼンの印象を強く残す

たとえば、新卒説明会のまとめのスライドでは、社員が実際に働いている写真を散りばめておくと、この会社で働く姿をイメージしやすくなり、「どんな人材を求めているのか」という大切なメッセージを強く印象づけられる。

●まとめのスライドで明るい未来をイメージさせる

聞き手にとっての「明るい未来」のイメージをアピールし、そのうえでプレゼンのポイントや最も伝えたいことなどをメッセージとして再掲すると、自身の主張をさらに強く印象づけられる。

画像は大きく使って
インパクトを出す

　画像の効果を最大限に発揮させるためにはなるべく大きく載せるのが原則です。特にイメージを印象付けたい場合は小さいと中途半端になります。

　しっかりとメッセージを伝える場面などでは、画像をスライド全体で大きく使うと効果的です。

　また、画像の被写体の端をあえて切って載せると、さらにダイナミックさが増します。

✕ 画像を小さく使った資料

インバウンド集客　▶　「旅アト」のアプローチ

「越境EC」が
リピート購入を促進

画像のサイズが小さいと、聞き手に強いインパクトを与えにくい。

◯ 画像を背景に使った資料

― 旅アトのアプローチ ―
「越境EC」が
リピート購入を促進

画像をスライド全体で大きく使えば、画像が持つインパクトの強さを最大限に活かせる。

✕ 被写体を中心に置いた資料

被写体を中心に置くのは写真の基本構図だが、どうしても躍動感に欠けた単調な印象を受けてしまう。

◯ 被写体の端を切った資料

被写体の端をあえて切った大胆な構図にすると、写真の重心（被写体とそれ以外の要素のバランス）がずれて意外性が生まれ、ダイナミックな印象を与える。

複数の画像は規則的に
揃えて配置する

　スライド内に複数の画像を並べるときは、全体を1つの箱にぴったりと収めるようなイメージで規則的に配置すると、整ったレイアウトになります。また、それぞれの画像間の隙間や距離を揃えると、さらに整って見えます。どうしても収まらないときは、画像のトリミングを行ってサイズを調整しましょう。

✕ 不規則に並べられた資料

このように、画像サイズがバラバラで位置も乱雑に置いてしまうと、整って見えない。

◯ 規則的に並べられた資料

複数の画像を並べるときは、規則的に揃えて並べると、全体のバランスが取れて整然とした印象を与える。画像のサイズを統一し、画像同士の間隔や文字サイズも揃えれば整然と並べられる。

06 ［トリミング］
サイズの大きな画像は
トリミングする

動画はコチラ
▼

https://dekiru.net/
pptpr_0706

サイズの大きな画像は不要な部分を切り取ってサイズを小さくするなど調整をしなければいけません。この不要な部分を切り取って構図を整えることをトリミングといいます。PowerPointでトリミングを行う場合は［トリミング］機能を利用します。

●トリミングしてサイズ調整する

トリミングしたい画像を右クリックして表示されるメニューから、「トリミング」をクリック（❶）。

画像の端に黒いトリミング用のハンドルが表示されるので、切り取りたいところまでそのハンドルをドラッグ（❷）。最後に画像の外側をクリックすれば完成（❸）。

図形を挟んで
文字を際立てる

　画像をスライド全体で使った場合、どうしても画像の上に文字を置かなければなりませんが、画像の上にそのまま直置きしてしまうと、文字と画像が重なって見づらくなります。こういうときは、文字と画像の間に図形を挟んで文字を際立たせます。さらに挟んだ図形を少し透けさせることで画像の雰囲気を壊さず、文字も際立って見せることができます。

✕ 画像の上に文字を直置きした資料

画像の上に直接文字を置くと、画像と文字がぶつかって見づらくなる。

◯ 画像と文字の間に図形を挟んだ資料

画像と文字の間に1枚図形を挟むと、文字の輪郭が際立ち、見やすくなる。

08 [図形]

図形を
透過させる

動画はコチラ

https://dekiru.net/
pptpr_0708

画像とテキストボックスの間に透過した図形を挿入する手順を紹介します。ここではすでに画像の上にテキストボックスが置かれている状態から、図形を透過させてテキストボックスの背面に移動させてみましょう。

●図形を挿入する

テキストを覆うように図形を挿入する（❶）。

塗りつぶしの色を［白］にして、枠線をなしにする（❷）。

● 図形を透過させる

図形を右クリックして表示されるメニューの［図形の書式設定］をクリックして、［図形の書式設定］作業ウィンドウ（①）を表示する。［塗りつぶし］の［透明度］を「20%」（②）に設定。

● 図形を背面に移動する

図形を右クリックして、表示されるメニューの［最背面へ移動］（①）→［背面へ移動］（②）をクリックする。このとき［最背面へ移動］をクリックすると、図形が画像の背面に移動してしまうので注意。

透過した図形がテキストボックスの背面に移動した。

背景を透かして
文字を目立たせる

178ページでは文字と画像の間に図形を挟むことで文字を際立たせる方法を解説しましたが、画像に文字を重ねた場合に文字を際立たせる方法がもうひとつあります。それは背景画像を透けさせることです。画像を透けさせて色を薄くすると、文字の輪郭がはっきりするので、文字と画像を重ねても文字は目立つようになります。

✕ 文字と被写体が重なった資料

画像と文字が重なっているため、文字が読みづらくなってしまっている。

◯ 背景を透かした資料

画像を透けさせて画像の色味を薄くすることで、文字がはっきりして目立つ。

10 ［文字］
背景画像の色を
薄くする

　画像を薄くするには、透明度を設定します。画像の書式を変更するには、
［図の書式設定］作業ウィンドウで行います。

●挿入した画像の色を薄くする

図形を右クリックして［図の書式設定］
をクリックする（❶）。

［図］（❷）の［図の透明度］（❸）をクリック。［透明度］（❹）に数値を入力して透明度を
調節する。数値を高く入力するほど透明度が高く（画像が薄く）なる。

11 [画像比率]
画像の縦横の比率は
元画像のまま維持する

　画像を使う際に必ず守りたいのは「縦横の比率」です。画像を PowerPoint の中で拡大／縮小することがよくありますが、挿入する画像の縦横比は必ず維持しましょう。スライドのレイアウトによっては、元画像の縦横比のままでは収まりが悪い場合もありますが、だからといって縦横比を崩すと、画像が不自然になります。そういう場合は画像の比率を優先し、レイアウトのほうを変えましょう。

✕ 画像を引き延ばした資料

縦や横だけに引き伸ばすケースは見た目も非常に悪く、何の画像かわかりづらく、また、文字が書かれている場合は読みにくい。

○ 元画像の縦横比率を維持した資料

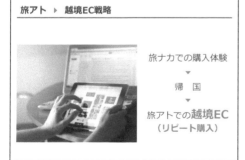

元画像の縦横比率を維持して拡大／縮小すると、瞬時に何の画像なのか理解できる。

12 ［ 画像比率 ］

拡大し過ぎによる
画像のぼやけに注意

　PowerPoint に画像を貼りつけると、元画像のサイズのままスライド上に表示されます。サイズが大きい画像の場合はスライドからはみ出してしまうので、そのときはスライドサイズに収まるように縮小しましょう。逆に貼り付けた画像がスライドのサイズより小さい場合は注意が必要です。小さい画像をスライドに合わせて無理に拡大し過ぎると、画像がぼやけてしまうからです。どうしても使いたい画像でも画像サイズが小さいときはあきらめて別の大きな画像サイズのものを使うようにしましょう。

✕ 拡大し過ぎてぼやけた資料

小さな画像を無理やり拡大してしまうとPC などの画面上でぼやけてしまう。

◯ 大きいサイズの画像を使った資料

なるべく画像サイズが大きい画像を使うようにする。

13 ［演出］
モノトーン画像を
効果的に使う

　プレゼンの中で「売り上げが落ちている」や「顧客離れが深刻」など、画像を使いながらネガティブなことを伝える場面もあると思いますが、そのようなときは画像をモノトーンにすると効果的です。グレーはほかの色よりネガティブな印象を受けやすいといわれているため、モノトーンにすると、スライドの印象がネガティブなものになります。

✕ フルカラー画像の資料

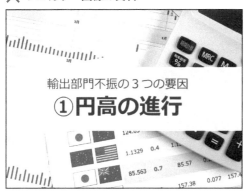

フルカラーの画像を使うと、鮮やかな色や明るい色が出てくるため、比較的ポジティブな印象を受け、マイナスイメージを抱きにくい。

○ モノトーン画像の資料

グレーはマイナスな印象を抱きやすいので、ネガティブなイメージを伝えたいときは画像のカラーをモノトーンにする。

フリー画像素材サイトで
参考画像を入手する

　資料を作る際に参考画像を載せたいケースもあると思います。ただ「この商品の原産国のイメージ画像を載せたい……」と思っても、ぴったり合う参考画像が手元にある人も少ないのではないでしょうか。そのようなときは、著作権フリーや商用利用 OK の画像を提供している"フリー画像素材サイト"をうまく活用しましょう。

　フリー画像素材サイトには、風景画像から人物画像までさまざまな種類の著作権フリーの画像がストックされており、それらは簡単に無料でダウンロードできます。商用利用可能な画像も多数ありますので、ここから参考画像に合うものを選んで使うのが効率的です。フリー画像素材サイトは Web 上にたくさんありますが、各サイトで利用規約が異なっているので、利用の際はしっかり事前に規約の確認を行い、規約の範囲内で利用しましょう。

フリー写真素材サイト「写真 AC」（https://www.photo-ac.com/）はクレジット表記やリンクは一切不要で個人、商用を問わず無料で使える。

Chapter 8

伝わるグラフと表のセオリー

01 ［グラフ］
グラフは
PowerPointで作る

　ビジネスシーンで使われるプレゼン資料にグラフはつきものですが、グラフは必ず一から自分で作成して載せるようにしましょう。よく参考データとして官公庁のWebサイトに掲載されているグラフをそのまま画像で貼りつけたり、他企業・他者が作成したグラフのスクリーンショットを貼りつけたりして引用している資料を見かけますが、これはNGです。こういったグラフには、余計な情報（今回のプレゼンでは伝えなくてもよい情報）まで盛り込まれていたり、基本3色以外の色が使われていたりするため、非常にわかりづらく感じます。また、グラフが画像データになっているため、数値や色、サイズなどの要素を変更することもできず、融通も利きません。

　仮に官公庁の統計グラフなどを引用したい場合は、PowerPointかExcelでグラフを作り直して内容やレイアウトを調整しましょう。

●スクリーンショットをそのまま貼りつけた例

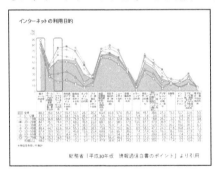

官公庁などが公表しているグラフを画像としてそのまま貼りつけると、不要な情報が入っていたり、レイアウトの融通が利かなかったりと非常にわかりづらく使いづらい資料となる。

POINT ─────────────────────────

● Excelで作成したグラフをPowerPointに貼りつける場合は、なるべく［データをリンク］するのではなく、［ブックを埋め込む］ようにします。データをリンクさせた場合、もとのExcelデータを消去したり他者にPowerPointのデータのみを渡したりしたときにリンクが切れてしまい、グラフが適切に表示されなくなったりデータの修正ができなくなったりするためです。

02 ［ グラフ ］

瞬間的に理解できる
グラフにする

　グラフはビジネスにおいて重要視される実績や予測を表現するものです
が、プレゼンで使う際は何が言いたいのか一瞬で理解できるようにさまざま
なポイントをケアしなければなりません。次ページからその原則を解説して
いきますので、ぜひチェックしてみてください。

●プレゼン資料でグラフを扱う際の注意点

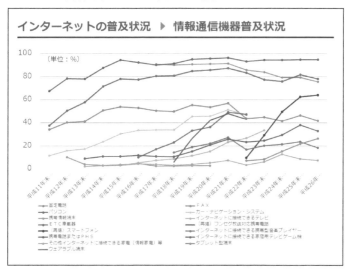

プレゼン資料においては瞬間的に理解できるグラフでなければならない。上のグラフのように凡例や目盛り線、項目数、折れ線など情報が目いっぱい詰まっているグラフは情報過多となり、聞き手のペースで見られないためわかりにくい。

03 ［グラフ］
扱うグラフの
特徴を捉えて使う

　棒グラフ、円グラフ、折れ線グラフ……と、ひと口にグラフといっても、さまざまな種類があり、それぞれ特性や特徴があります。プレゼン資料でグラフを扱うときは瞬間的にわかる資料にしなければなりませんが、それにはまずプレゼン資料で扱う主なグラフの特性や特徴を理解する必要があります。

●プレゼン資料でよく使うグラフの特徴

① 縦棒グラフ

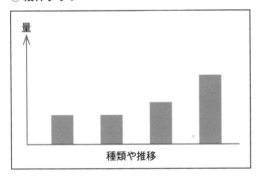

縦棒グラフはデータ量を縦軸に置いて、縦棒の高さでデータの大小を表す。データの大小が縦棒の高低で表されるので、量で比較したいときや時系列で比較したいときに適している。

② 横棒グラフ

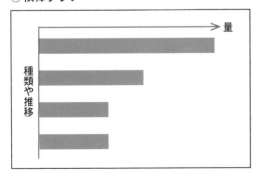

縦棒グラフとほとんど同じ特徴を持つ横棒グラフだが、たとえば、アンケートの調査結果など、データをランキング形式で表したいときなどは、縦棒グラフより横棒グラフのほうが順位が意識しやすいため適している。

③円グラフ

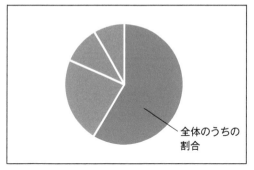

全体のうちの
割合

円グラフは円1周を100%として、各項目の占める割合を表す。たとえば、年齢層や売り上げのシェア率など、全体から占める割合を示すのに適している。

④折れ線グラフ

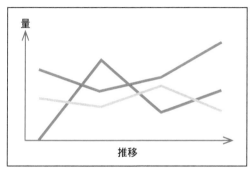

量

推移

折れ線グラフはデータの数値を点で表し、点と点をつないだ線でデータの推移を表す。いくつかのデータの推移を同じグラフ上で表したいときなどに適している。

⑤複合グラフ

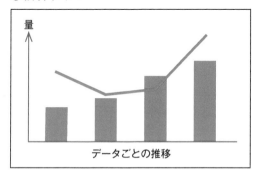

量

データごとの推移

棒グラフと折れ線グラフなど異なる組み合わせのグラフを複合グラフという。単位が異なる2つのデータの因果関係や相関関係を示したいときなどに使う。ただし、1つのグラフで伝えたいことが複数にならないように注意が必要。

グラフは必要な 情報だけ表す

　グラフを使って多くの情報を一度に表そうとするとかえって大切な情報が埋もれてしまいます。そのため、本当に伝えたい情報のみに絞り込んで載せましょう。たとえば、直近5年間の推移についての主張であれば、それ以外の年の実績値などは不要なので省きます。

✕ 不要な情報が多いグラフの資料

このグラフで伝えたいことは「2013～2017年の5年間で約2.5倍に増加」という情報なので、必要なのは2013～2017年のグラフ。2013年以前のグラフは不要な情報だ。

◯ 不要な情報を省いたグラフの資料

聞き手に一瞬で理解してもらうには、情報を絞ることが大切。直近5年だけにする、途中の年度を省くなどすれば、横軸の項目が減り、情報過多になることを避けられる。

05 ［グラフ］
プレゼン資料のグラフに
目盛り線はいらない

　シンプルな見た目のグラフにするためにはグラフ内の余計なものを削除しましょう。余計なものの筆頭は「目盛り線」です。目盛り線があっても、目盛と各グラフの高さを比較しないとグラフの数値を理解できないため、聞き手にとって視覚的にわかりにくく感じます。

✕ 目盛り線があるグラフの資料

目盛り線が入っていても数値を把握できない。また、グラフ内にたくさんの線が引かれて余白が減り見づらくなるという弊害も。

◯ 目盛り線がないグラフの資料

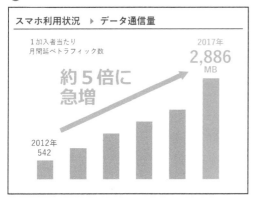

目盛り線は削除してグラフの近くに数値を載せるとわかりやすいグラフになる。

06 ［グラフ］
グラフには
数値だけ書く

動画はコチラ

https://dekiru.net/
pptpr_0806

　削除した目盛り線の代わりに数値をグラフに記して、見た目で数値が伝わるようにしましょう。目盛り線をクリックすると目盛り線の両端に「○」が表示されます。このとき Delete キーを押すことで目盛り線を削除できます。

●目盛り線を削除して数値を入力する

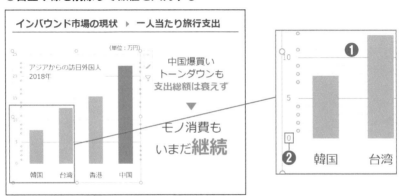

グラフの目盛り線（❶）をクリックして、Delete キーを押す。次に縦軸の数値をクリックして、Delete キーを押す（❷）。

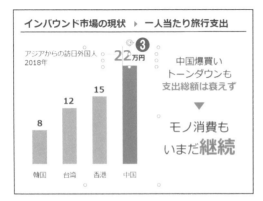

グラフ上にテキストボックスを挿入して数値を入力する（❸）。

07 ［ グラフ ］

グラフに
凡例はいらない

　196ページでグラフの目盛り線を削除する原則を解説しましたが、もう1つグラフでも削除するものがあります。それは「凡例」です。凡例は**スライドを見づらくする原因**です。凡例があるとグラフと凡例との間で目線の往復が増えてわかりづらく感じるので、凡例は削除してグラフ内にテキストで項目名を入力するようにしましょう。

✕ 凡例があるグラフの資料

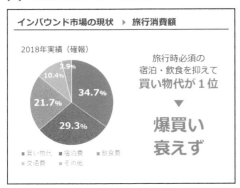

凡例が入っていると各項目が何を指しているか確認するために、何度もグラフと凡例を見比べなければならない。また、凡例があることでグラフを色分けしなくてはならず、カラーの原則からもはずれてしまう。

◯ 凡例を削除したグラフの資料

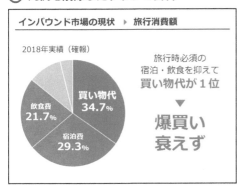

グラフが小さくてテキストがはみ出してしまう箇所は、伝えたい内容に関係する箇所だけ書けば十分。

削除した凡例は
グラフ内に入力する

動画はコチラ

https://dekiru.net/
pptpr_0808

　凡例を削除すると自動的にグラフの大きさが調整されます。自動調節されると、グラフのサイズが変わるので、グラフ内のテキストなどを調整する必要があります。その際、削除した凡例の内容がわかるように、グラフ上にテキストボックスを配置して何を示すデータか入力しておきましょう。

●凡例を削除してグラフの見た目を整える

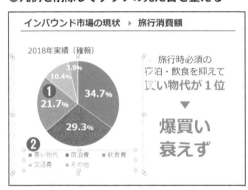

円グラフの場合は、円グラフ（❶）を選択してから凡例（❷）をクリックして Delete キーを押す。凡例を削除すると円グラフの大きさが自動で調節される。

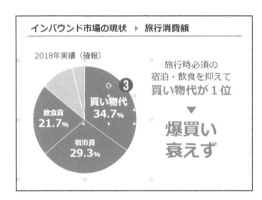

円グラフにテキストボックスを挿入して、削除した凡例を項目名として入力する（❸）。凡例を消してグラフ上に項目名として配置することで、グラフを細かく色分けする必要もなくなりスッキリする。

グラフで使っていい
色数は３色だけ

　グラフは何が言いたいのか瞬間的に理解できるようにするのが絶対原則です。プレゼン資料で使っていいカラーは３色だけというのが原則でしたが、グラフでも同じ。使う色は３色、伝えたい部分だけに使います。

✕ たくさん色が使われたグラフの資料

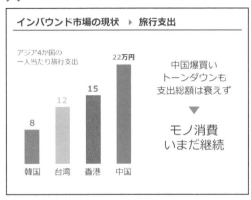

グラフで色をたくさん使うと、どこに注目すればいいかがわからない。

◯ 色数を抑えたグラフの資料

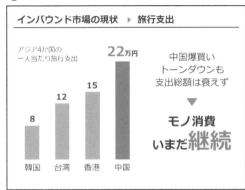

たとえば、伝えたい部分だけにメインカラーを使うと、「何を伝えたいのか」がわかりやすくなる。この例の場合は、中国の数字に注目を集められる。

10 ［グラフ］

伝えたい部分だけ色をつける

動画はコチラ
▼

https://dokiru.not/
pptpr_0810

　前ページで解説したとおり、**グラフはカラフルにする必要はありません**。たとえば、棒グラフであれば伝えたい部分の縦棒にだけメインカラーを使いましょう。するとその部分が強調されて、グラフで伝えたいことがひと目でわかります。

●グラフで強調したい箇所に色をつける

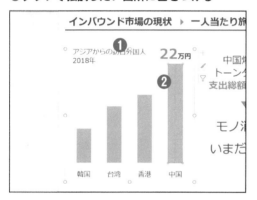

グラフを1回クリックするとグラフ全体が選択された状態になる（❶）。その状態のまま、色を変更したい縦棒を1回クリックすると、縦棒の四隅に「○」が表示され選択された状態になる（❷）。

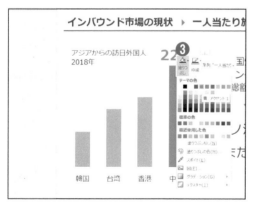

選択された縦棒を右クリックして［塗りつぶし］（❸）をクリック。［テーマの色］からメインカラー、もしくはアクセントカラーを選択する。

3Dグラフより
2Dグラフを使う

　立体的な表現になる「3Dグラフ」もPowerPointで作れますが、プレゼンで「3Dグラフでなければ伝わらない」というケースはほとんどありません。プレゼン資料で扱うグラフは瞬間的に伝わるグラフでなければいけないので、3Dグラフの立体的デザインや影などの装飾は極力避けて、グラフをシンプルにする必要があります。

✕ 3D グラフの資料

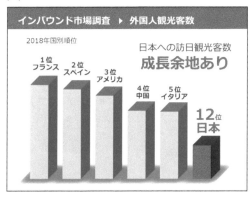

3Dグラフはスライド内に多くの線や影など出てくるため、シンプルとはいえない。

◯ 2D グラフの資料

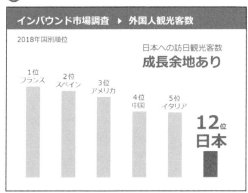

グラフを作成するときは無理に3Dグラフを使わず、平面的な2Dグラフを使ってシンプルな見栄えになるよう意識する。

12 ［グラフ］
3D グラフの資料は
2D グラフに修正する

動画はコチラ
▼

https://dekiru.net/
pptpr_0812

　3D グラフが入っている資料は 2D グラフに修正しましょう。3D グラフから 2D グラフに修正するときは［系列グラフの種類の変更］から行いますが、3D グラフの種類によってはグラフの種類の変更を行ってもグラフに影が残ったり、スライドにグラフのサイズが合わなかったりなど、変更後に微調整が必要な場合もあります。

● 3D グラフを 2D グラフに修正する

棒を右クリックして表示されたメニューの［系列グラフの種類の変更］（❶）をクリックする。すると［3-D 複合グラフを作成できません］というメッセージが表示されるので、［グラフの変更］をクリック。

［グラフの種類の変更］ダイアログボックスが表示されるので、［縦棒］（❷）の［集合縦棒］（❸）を選択して［OK］をクリック。

●影を削除してグラフのサイズを調整する

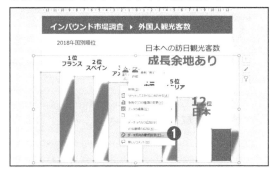

グラフを右クリックして表示されるメニューの［データ系列の書式設定］（**❶**）をクリック。

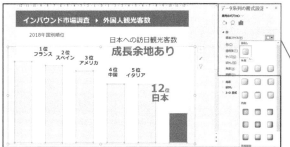 

［データ系列の書式設定］作業ウィンドウが表示されるので、［効果］（**❷**）をクリック。［影］の▼をクリックして［標準スタイル］から［影なし］（**❸**）を選択。

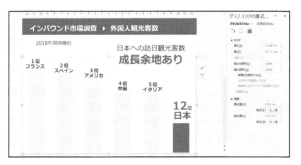

グラフの枠をドラッグしてスライドに収まるようにサイズを調整する。数値や項目もグラフに合わせて調整する。

グラフは「矢印」と
「添え書き」で強調する

　グラフで伝えたいメッセージを強調する方法として「矢印」と「添え書き」もおすすめです。たとえば、「有給休暇の取得日数が下がっている」ことを強調するのであれば、下の○例のように、矢印で下降を示し、さらにグラフ上に伝えたいことを端的に表した添え書きを載せます。これで伝えたいことが強調され、パッと見て内容が理解できるようになります。

✕ 強調の少ないグラフの資料

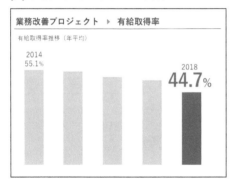

グラフの色をただ変えるだけでは「何を伝えたいのか」がわからない。

◯ しっかり強調されたグラフの資料

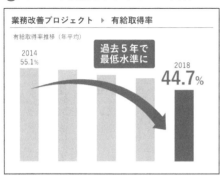

伝えたいことに合わせて「矢印」や「添え書き」を入れると、そのグラフのポイントが強調され、何を伝えようとしているのかが瞬時にわかる。

14 ［棒グラフ］
順位を表すときは
横棒グラフを使う

縦棒グラフは年度別の売上高の比較など、単純な量の比較を表すのに適していますが、アンケートの調査結果のように、順位が大切になるものをグラフで表現するときは、縦棒グラフより横棒グラフのほうが適しています。

✕ アンケートが縦棒グラフの資料

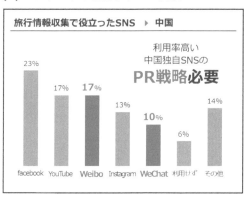

縦棒グラフを使うと、各項目が横に並んでしまうため、アンケート結果の順位をイメージしづらくなる。

◯ アンケートが横棒グラフの資料

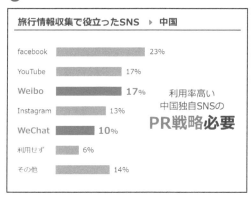

順位をアピールするものをグラフ化したいときは横棒グラフを使う。上位から順に並べると、順位を視覚的に伝えやすくなる。

15 ［棒グラフ］
未確定な事柄を表すときは
点線を使って色を薄くする

　棒グラフで将来の目標や売上予測といった未確定な事柄を表す場合は、その棒の色を薄くして枠線を実線から点線に変更します。棒グラフの場合、点線にしただけでは資料を投影した際にわかりづらい場合がありますが、色を薄くすることで未確定要素をビジュアルで伝えられるほか、ほかの棒と差別化して目立たせることができます。

✕ すべて実線のグラフの資料

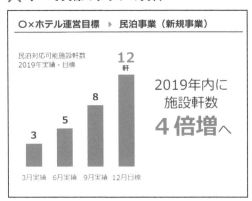

将来の達成目標を色の濃い実線の棒グラフで描くと、グラフから未来や未確定なイメージを感じづらい。

◯ 点線にして色を薄くした資料

棒グラフの枠線を点線に変更して色を薄くすることで、既存の実績と達成目標の違いが明確になる。

16 ［棒グラフ］
棒グラフの縦棒の枠線と色を変更する

動画はコチラ
▼
https://dekiru.net/
pptpr_0816

206ページで棒グラフで未確定感を表すには棒の色を薄くして枠線を点線にすると解説しました。色はメインカラーやアクセントカラーと同系の薄めの色を設定します。点線は細過ぎると投影したときにわかりづらいので普通よりもやや太めにして、色はメインカラーと同色にします。

●未確定感を表したい棒の色を薄くする

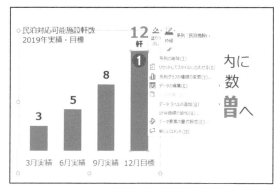

グラフを1回クリックしてグラフ全体を選択する。その状態で色を変えたい棒をさらにクリックして選択して、その棒を右クリックする（❶）。

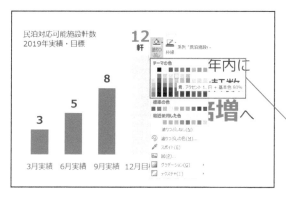

［塗りつぶし］からメインカラーのグラデーション上にある一番薄い色（❷）を選択。

●枠線を点線にして色を変える

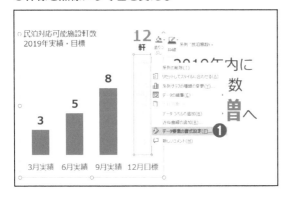

色を変更した棒を右クリックして表示されたメニューの[データ要素の書式設定]（❶）をクリックする。

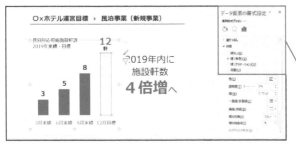 

[データ要素の書式設定]作業ウィンドウの[塗りつぶしと線]（❷）をクリックし、[枠線]→[線]（❸）をクリック。

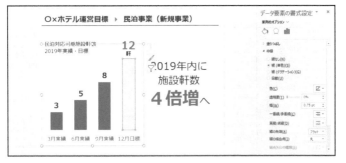

[色]をメインカラーにして、[実線／点線]で［点線（角）］に設定する。

17 ［円グラフ］
比率を示すときだけ
円グラフを使う

　円グラフもプレゼン資料ではよく使われますが、円グラフを使うのは比率を示すときだけにしましょう。全体の総量が違うものを円グラフで比較すると、数字データとグラフ面積が不釣り合いになり聞き手に誤解を与える可能性もあります。

✕ 量の比較を円グラフで表した資料

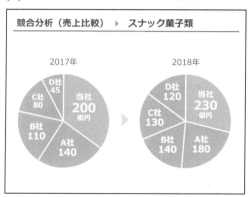

左の例の「当社」のように、数字上は前年に比べて30億円増えているのに、グラフの面積が小さくなっていると、一瞬売り上げが減ったようにも見える。これは「総量」が2つのグラフで違うために起こる。

○ 比率を円グラフで表した資料

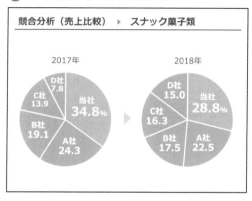

円グラフはシェアなどの比率を示すときに使う。比率であれば、総量が異なっても適切な面積を表示できる。

折れ線グラフは色使いと
添え書きが必須

　複数のデータを折れ線グラフで示した場合、そのグラフで何を示したいのか、どの折れ線に注目させたいのかが瞬時に伝わりにくくなるというデメリットがあります。よく折れ線を区別するためにそれぞれの折れ線に色をつけたグラフがありますが、色は注目してほしい折れ線だけに付けましょう。さらに 204 ページで解説した添え書きで注目ポイントを示すとさらにグラフが伝わりやすくなります。

✕ 内容が不明確な折れ線グラフの資料

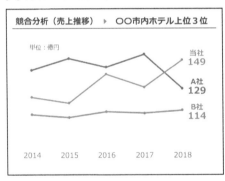

左の折れ線グラフでは、①当社の売上がA社を初めて上回った、②A社の売上が急激に落ち込んだ、③B社の売上が低いながらも安定している、などさまざまなことが読み取れてしまい、何を伝えたいのか見ただけではわからない。

◯ 内容が明確な折れ線グラフの資料

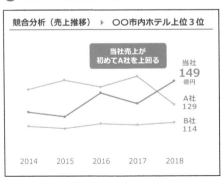

左のグラフのように、伝えたいことを添え書きで書いて、伝えたい線だけメインカラーにすると伝わりやすくなる。

19 [折れ線グラフ]
達成水準は
横点線を引く

206 ページで、「未来のものや将来獲得するものを図形で表現する際は枠線を点線にする」という原則を解説しましたが、将来の達成水準などを折れ線グラフで表す際も、点線を活用すると効果的です。点線は視覚的に「未確定」なイメージを与えるため、将来の達成水準やまだ実際には得られていないものを表現するときにぴったりな線です。

たとえば、達成水準をグラフで表すときは、下の例のようにグラフ内に直接横点線を挿入し、水準位置を示すと、「この水準にはまだ達していないけれど、これから目指していく」というイメージを聞き手に持ってもらえます。

●横点線で達成水準を表す

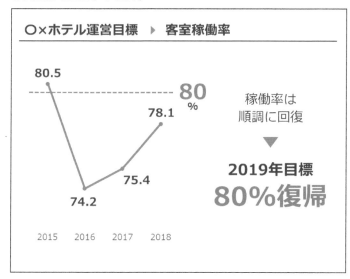

グラフに点線を入れると、将来や未来の目標に向かっていくというイメージを演出できる。

20 [表]
挿入する表は
縞模様にしない

プレゼン資料で使う表は伝えたい部分にしっかり意識を向けてもらうことが大切です。プレゼン資料に表を挿入するときは、全体の色使いに注意しましょう。基本的に表のセルの色は縞模様にせず、すべて白で統一します。そして、表のアピールポイントだけに、メインカラーやアクセントカラーをつけます。

●文字サイズを大きくして太字にする

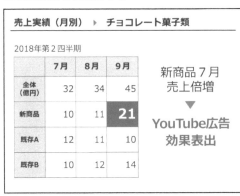

売上実績（月別） ▶ チョコレート菓子類			
2018年第2四半期			
	7月	8月	9月
全体（億円）	32	34	45
新商品	10	11	21
既存A	12	11	10
既存B	10	12	14

新商品7月
売上倍増
▼
YouTube広告
効果表出

初期設定のまま表を挿入すると、表のセルに色が1行おきについて縞模様の状態で表示され、どこがポイントかわかりにくい。

●色の濃淡で色分けする

売上実績（月別） ▶ チョコレート菓子類			
2018年第2四半期			
	7月	8月	9月
全体（億円）	32	34	45
新商品	10	11	21
既存A	12	11	10
既存B	10	12	14

新商品7月
売上倍増
▼
YouTube広告
効果表出

アピールポイントだけに色をつけると、表自体も見やすく、ポイントが的確に伝わりやすくなる。

21 ［表］
表の中のテキストの
揃えに注意する

　表は情報量が多くなるので、少しでも理解しやすくなるよう配慮が必要です。そのため、表の中のテキストの揃えの位置にも注意しましょう。横の揃えは「文章は左、数字は右、それ以外は中央揃え」が原則です。縦の揃えは、基本的に「上下中央揃え」が無難です。数字は右揃えでないと、3桁区切りのカンマの縦位置が揃わなくなり、桁が非常にわかりづらくなるので、必ず右揃えにしましょう。

✕ 適当な揃えの表の資料

訪日観光客の消費動向　▶　人気お土産		
	特　徴	価　格
リップグロスG （AAA化粧品）	リップクリームのような滑らかさの馴染みやすいリップグロス。	3,980円
Noble （BBB製薬所）	肌と一体化するようになじみ、濃厚な感触のテクスチャーと艶やかさが魅力の美容液。	26,800円
ウイスキー和心 （CCC酒造）	スモーキーかつ甘く華やかなフレーバーが楽しめるシングルモルトウイスキー。	4,480円

セルごとに揃えが統一されていないと見た目が雑然とする。

○ テキストが揃っている表の資料

訪日観光客の消費動向　▶　人気お土産		
	特　徴	価　格
リップグロスG （AAA化粧品）	リップクリームのような滑らかさの馴染みやすいリップグロス。	3,980円
Noble （BBB製薬所）	肌と一体化するようになじみ、濃厚な感触のテクスチャーと艶やかさが魅力の美容液。	26,800円
ウイスキー和心 （CCC酒造）	スモーキーかつ甘く華やかなフレーバーが楽しめるシングルモルトウイスキー。	4,480円

項目名などは中央揃え、文章は左揃え、数値は右揃えにする。

22 [表]
表の中の文章は単語か
体言止めで短くする

　表を入れる場合、特に注意するのは表の中の文章の長さです。プレゼン資料は「見て理解する資料」なので、読ませる表になってはいけません。表中の文章は単語か体言止めで短く端的に表現して、聞き手が見て瞬間的に理解できるよう心掛けましょう。

✕ 表中の文章が長い資料

ターゲット ▶ 「ミレニアル世代」の旅の特徴	
特　徴	**内　容**
モバイル端末で予約する	スマートフォンの急速な普及・発展を背景に、旅券・ホテル・レストラン等の予約をスマートフォンで行うことが多くなっている。
民泊を利用する	民泊を利用している訪日外国人の割合が、旅館を利用している訪日外国人の割合にまで接近しており、特に若いミレニアル世代ではその傾向が顕著である。
SNSを活用する	一般的なポータルサイトで情報収集するよりも、SNSやチャットを使って旅先の情報を得ようとすることが多い。

表中の文章を長くすると、聞き手が文章を読むのに時間がかかり、伝わりにくい資料となる。

◯ 表中の文章が短い資料

ターゲット ▶ 「ミレニアル世代」の旅の特徴	
特　徴	**内　容**
モバイル予約	旅券・ホテル等はスマートフォンで予約
民泊利用	民泊利用者急増 ミレニアル世代ではその傾向が顕著
SNS活用	旅先の情報はSNS等をメインに収集

文章を短くすることで読む時間も短縮され伝わりやすい表になる。

23 [表]
複数案は整理して
一覧表にする

　複数の案を提示するようなプレゼンでは、それぞれのメリットとデメリットをしっかり伝えることが重要です。聞き手が複数案からどれかを選択しなければならない場合、一覧表にすると、各案の「どこがよくて、どこがよくないのか」を比較しやすくなるので、理解力が高まります。特に案の取捨選択をする際にキーとなる判断軸を表の縦軸にすると、よりわかりやすい表になります。また、テキストの背景に薄く「○×」を書いておくのも、視覚的に理解しやすくなって効果的です。

✕ 複数案を文章で示した資料

翻訳サービス導入候補

導入候補1：A社
・翻訳できる言語数が多く、様々な国・エリアからの
　問い合わせに対応可能。
・別途追加料金が発生するが、納品データの再翻訳も可能。
・その分トータルのコストが高く、契約形態も月別ではなく
　年間契約が必須となるため、予算の確保が必要。

導入候補1：B社
・A社と異なり月契約が可能であり、トータルコストが
　安価に抑えられる点は大きなメリット。
・ただし、翻訳できる言語数が少なく（主要国のみ）、
　サポートデスクもないため、成果物に対するフォローに
　不安が残る。

複数案を文章にしてしまうと、ポイントやメリットやデメリットが比較しづらくなる。

○ 複数案を一覧表で示した資料

翻訳サービス導入候補

	A 社	B 社
メリット	・対応言語数：多 ・再翻訳対応可	・コスト：安 ・月契約可
デメリット	・コスト：高 ・年間契約必須	・対応言語数：少 ・サポートデスク無

一覧表にすると、それぞれのメリットやデメリットがマトリックスで整理されてポイントが明確になり、比較しやすくなる。

各グラフは「役割」に応じて使い分ける

　プレゼン資料の中でもグラフは非常に厄介な存在です。本章でもお伝えしている通り、とにかく雑多になりやすく、いろいろと注意しなければいけない部分が多いからです。

　そして、さらにグラフの扱いを難しくしているのは種類の多さ。使用頻度の多い縦棒グラフにはじまり、折れ線、円、横棒、散布図……などなど、非常に豊富な種類が用意されています。それが「どれを使えばいいのだろう……？」という迷いを生み、最終的には「グラフって難しいなぁ……」というマイナスの感情にもつながっていくわけです。

　しかし、棒グラフは「量」、折れ線グラフは「過去からの推移」、円グラフは「比率」というように各グラフには「役割」があります。

　それぞれに最も活躍できる役割があるので、それを意識できると、どのグラフを使えばよいのか迷うことも減っていくのではないでしょうか。Microsoft の Office サポートページでは、各グラフの役割や使用場面が解説されているので、参考にしてみてください。

PowerPoint ヘルプセンター
https://support.office.com/ja-JP/powerpoint

Chapter 9

伝わるアニメーションの
セオリー

01 ［ アニメーション ］
「アニメーション」という 機能を理解する

　アニメーションとは、スライド内でさまざまな動きを演出する機能です。たとえば、トークのタイミングに合わせて画像を表示させたり、スライドを切り替えるときに少しずつ現れる効果を演出したりできます。

　PowerPoint には、多くのアニメーションが用意されています。アニメーションの機能ごとに「開始」「強調」「終了」「軌跡」と分類されており、それぞれアニメーションをスタートするときの効果、スライド上の特定のオブジェクトを動かして強調する効果、オブジェクトを非表示にするときの効果、スライド上のオブジェクトを移動するときの効果を細かく設定できます。

　アニメーションは、簡単な操作でスライドの演出を高められるため、ここぞというときに使えば効果を発揮しますが、その分、使い過ぎるとかえってうるさく感じたり、トークの先の展開が推測しづらくなったりするのも事実です。

　アニメーションのメリットとデメリットを理解し、その効果が本当に必要なのか、聞き手の注目を集めるのにほかの手段がないのか、よく検討したうえで使うようにしましょう。この章では、アニメーションの効果を最大限に発揮するためのセオリーを紹介していきます。

● さまざまな効果を演出するアニメーション機能

［アニメーション］タブの［アニメーション］で演出効果の一覧を確認できる。また、「開始」「強調」「終了」「軌跡」と分類され表示されている。

「どうしても」のとき以外は
使わないのが原則

アニメーションはさまざまな演出ができるため、ここぞというときに効果を発揮しますが、アニメーションに頼らずにきちんと伝えられるプレゼン資料を作るのがベストです。

また、現実問題としてPowerPointが使えない環境ではアニメーションは再現できません。たとえば、PowerPointからPDFにエクスポートしたスライドデータを使うケースもあります。そのため、どうしてもアニメーションを使いたい場合は、下の例のような場面などに限定しましょう。

●フロー図など流れを伝えたい場面

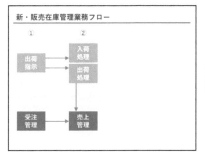 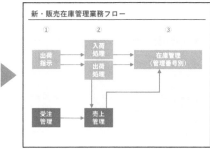

フロー図などで流れを丁寧に見せたいときにアニメーションは効果的。

● Q&A など情報を小出しにしたい場面

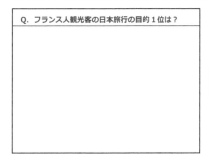 

トークに合わせて情報を小出しにしたいときもアニメーションを使うと効果的。

03 ［ アニメーション ］

スライド内容の流れを
強調したいときに使う

フローチャートなど、順番や流れを伝えることが重要な場合は、順番ごとに内容を表示させて見せると効果的です。たとえば下図のような在庫管理業務の流れをスライドで見せているとして、フローのプロセス1つ1つに対して、きちんと注目を集めながら説明したい場合は、説明のタイミングに合わせてプロセスを表示していくアニメーションが効果的です。

このようなケースでは、トークの内容とスライドの内容を合致させるためにアニメーションを使うといいでしょう。順番にオブジェクトを表示させたい場合は、［開始］の機能から効果を選びます。

●フロー図などの流れを強調したいとき

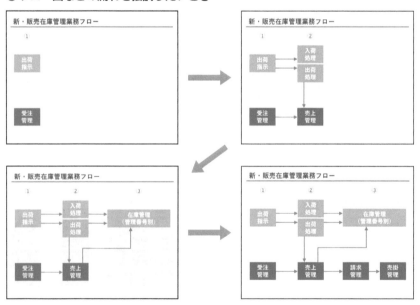

上の例では、業務フローの時系列をより強調するために、①〜③にそれぞれアニメーションを設定し、順番に表示させている。

04 ［ アニメーション ］
アニメーションを
フロー図に設定する

動画はコチラ
▼

https://dekiru.net/
pptpr_0904

　アニメーションは使うべき場面が限られていますが、前ページで説明したように作業工程などを説明する際に利用するフロー図などはアニメーションを使うと効果的です。ここでは基本的なアニメーションの設定方法を知っておきましょう。アニメーションは、オブジェクトに対して設定するため、まず図形などを選択してからワイプなどの効果をかけます。アニメーションの設定は、［アニメーション］タブから行います。

●フロー図に「ワイプ」を設定する

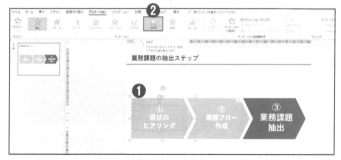

アニメーションを設定したいオブジェクトをすべて選択（❶）して、［アニメーション］の種類（ここでは［ワイプ］）（❷）をクリックする。

必要に応じて［効果のオプション］（❸）からアニメーションの方向などを設定する。アニメーションが設定されたオブジェクトには数字が表示される。

アニメーションを利用してコミュニケーションする

　［開始］の効果は、順番を表すとき以外にも使えます。それは聞き手の注目を集め、コミュニケーションをしたい場合です。

　たとえば、Q&A 形式でトークしている場合などは、最初から全部の質問を見せるより、小出しにしたほうが聞き手の期待が高まり、より集中してトークを聞いてくれるでしょう。

　いずれにしても、アニメーションはアイデア次第で大きな効果を発揮します。自分が聞き手になったらどんなときに注目するかを考えながら、使いどころを決めましょう。

● トーク展開上で情報を小出しにしたい場面

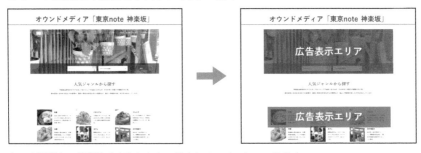

トーク展開上で情報を小出しにしたい場合にアニメーションは役立つ。

● Q&A など意図的に結論を先に見せない場面

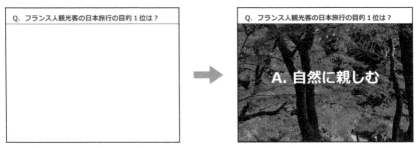

Q&A 形式などで意図的に結論を先に見せない場合に使うと効果的。

06 ［ アニメーション ］
アニメーションは目立たないものを使う

　アニメーションを入れる際は目立たないものを選びましょう。PowerPoint のアニメーションは派手で複雑な動きが多いですが、そのようなアニメーションは聞き手の集中を妨げるので、プレゼン資料では避けましょう。フロー図など流れを強調したい場合は「ワイプ」、それ以外はすべて「フェード」がおすすめです。

●覚えておきたいアニメーション

フェード

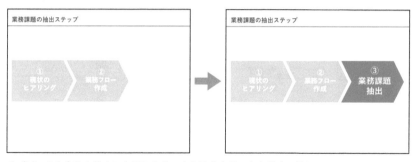

オブジェクト全体を徐々に表示したり、または非表示にしたりする効果。

ワイプ

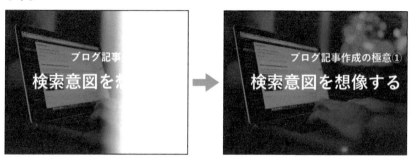

曇った窓を拭くように、ある方向にむかって少しずつ表示・非表示を切り替える効果。

Chapter 9　伝わるアニメーションのセオリー

●派手なアニメーションは使わない

スピン

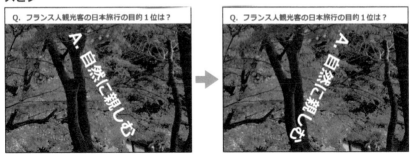

オブジェクトが1回転する効果がかかる。

ウェーブ

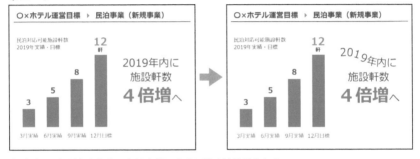

オブジェクトが左から右へと波を打つように動く効果がかかる。

バウンド

オブジェクトが上から下へ跳ねるように動く効果がかかる。

ワイプの動きは
左から右にする

アニメーションは、左から右方向に動かすのが原則です。そうすることで、スライドを見るときの目線の動きに沿ってアニメーションが流れるようになり、聞き手もスムーズに動きを受け止められるからです。しかし、PowerPoint のアニメーションの中には、この方向に設定されていないものがあります。たとえばワイプは、初期設定では下から上に表示されますが、これだとスライド全体を追う目線の動きと異なり、違和感の原因となるので変更します。

目線とは逆方向の「右→左」の動きにすると、どうしても見ているときに違和感を感じやすいので、できれば避けたほうが無難でしょう。

◯ 左から右に動かす

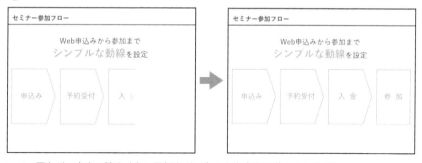

フロー図など一方向に読ませたい図解などは左から右方向に動かすと効果的。

08 [ワイプ]
ワイプの向きを
変更する

動画はコチラ
▼

https://dekiru.net/
pptpr_0908

　ワイプをスライドに設定するときは 225 ページで解説した通り目線の動き
に合わせてワイプの設定を「左から」に設定します。ワイプの向きの変更は
［効果のオプション］から行います。

●ワイプの動きを左から右にする

ワイプは初期設定では下から上にワイプするように設定
されている。

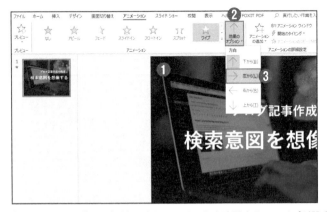

［アニメーション］タブが表示されていることを確認する。ワイプが設定されたオブジェクト
（①）を選択し、［効果のオプション］（②）→［左から］（③）をクリックする。

09 ［ 自動設定 ］
複数のアニメーションは 自動的に動かす

動画はコチラ
▼

https://dekiru.net/
pptpr_0909

　PowerPointのアニメーションは基本的にオブジェクトにアニメーションを設定した順番で動くようになっていますが、動くタイミングを変更することでアニメーションを同時に動かすこともできるようになります。

●アニメーションを自動設定する

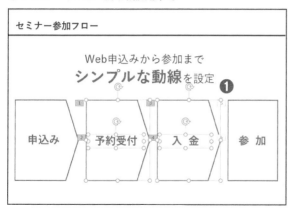

アニメーションを設定しているオブジェクトをすべて選択（❶）。オブジェクトの左上には、アニメーションの順番が表示されている。

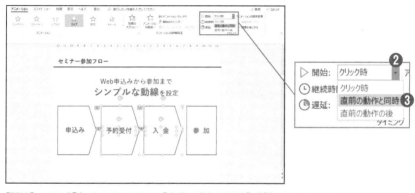

［開始］の▼（❷）をクリックして［直前の動作と同時］（❸）をクリックする。

10 ［ 画面切り替え ］
「画面切り替え」機能を使う

　スライド内のオブジェクトを演出する場合は「アニメーション」機能を使いますが、次のスライドへ切り替えるタイミングを演出する場合は「画面切り替え」機能を使います。

　PowerPoint の画面切り替え効果にもいろいろなものがありますが、アニメーションと同様に、シンプルなものにするのが原則です。私がおすすめするのは、「フェード」です。フェードは、スライド全体が徐々に切り替わる効果で、シンプルでどんな場面でも使えます。

　また、このあと説明する「つながり」を意識するうえでも最適です。

　なお、アニメーションと同様に画面切り替えも PDF にしたスライドでは使えません。この点は留意しておきましょう。

●さまざまな効果を演出する画面切り替え機能

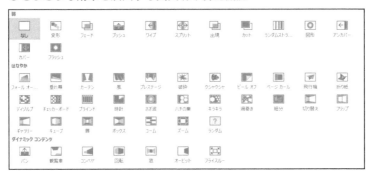

[画面切り替え] タブの [画面切り替え] で演出効果の一覧を確認できる。また、「弱」「はなやか」「ダイナミックコンテンツ」と演出の度合いごとに分類されている。

11 [画面切り替え]
画面の切り替えで
つながりを意識させる

画面切り替えを使うと、聞き手に「つながりを意識させる」ことができます。これが画面切り替えを使う最大のメリットです。画面切り替えの設定をせずに次のスライドを表示すると、画面がぱっと切り替わります。これが悪いわけではありませんが、このときに前のスライドが徐々に消えながら次のスライドが少しずつ表示されると、スライド間につながりが生まれます。

● 「フェード」を使ってつながりを意識させる

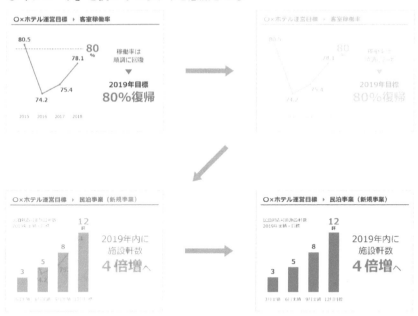

上の例のように、「フェード」を設定すると徐々に画面が薄くなるように切り替わるので、「ぶつ切り感」がなくなりスライドとスライドのつながりを聞き手に意識させることができる。

12 ［ 画面切り替え ］

画面の切り替えは「フェード」を使う

動画はコチラ
▼

https://dekiru.net/
pptpr_0912

228 ページで解説したとおり、画面の切り替えに向いている効果は「フェード」です。画面の切り替えを設定したいスライドすべてに設定します。「フェード」は画面が薄くなるように切り替わり、スライドとスライドのつながりを聞き手に意識させることができます。

● 「フェード」を画面の切り替えに設定する

フェードの動きを入れたいスライド（❶）をクリックして ［画面切り替え］ タブ（❷）をクリック。［画面切り替え］ から ［フェード］（❸）を選択する。

画面が切り替わるときに画面が薄くなって次の画面に切り替わるようになる。

13 [画面切り替え]

自分に注目を集めるときは「ホワイトアウト」を使う

プレゼンの内容によっては、トークの途中で手元にある参考物（商品の実物、参考資料など）を聞き手に見てもらいたいケースもあると思います。そんなときは一時的に画面を真っ白（または真っ黒）にすると、それまでプレゼンに集中していた聞き手の視線をプレゼンターである自分に向けることができるようになります。

ただし、急に画面が真っ白になると「何かトラブルがあったのでは？」と勘違いされる可能性もあるので、真っ白にする際は「こちらをご覧ください」とトークでフォローするか、画面の前まで自分が移動して意図的に画面を真っ白にしたということが暗に伝わるようにしましょう。

●プレゼン中にホワイトアウトを差し込む

ホワイトアウトを行うスライドまで進んだら、キーボードの W キーを押すと画面が真っ白に切り替わる。元に戻すときは、もう一度 W キーを押す。

POINT

●この W キーは文字の入力モードが「半角英数」になっていないと動作しないで注意してください。なお、B キーを押すと、ブラックアウト（画面が真っ黒になる）になります。プレゼン会場の明るさなどで使い分けしましょう。

アニメーションの
入れ過ぎにはご用心

　1つのスライドの中にアニメーションを入れ過ぎるのは避けたほうがいいでしょう。

　私の知人はアニメーションを入れ過ぎたことで、プレゼン資料の編集中にすごく大変な思いをしたそうです。彼はどうしても演出感のあるプレゼンをしなければならなかったので、複数のオブジェクトやテキストボックスを重ね合わせたうえで、話に沿ってそれぞれが順番に表示されるようにアニメーションを設定したそうです。しかし、制作している途中で一部のオブジェクトを差し替えなければならなくなり、それに合わせてアニメーションも再設定しようとしたのですが……。

　すでにそのときにはオブジェクトがたくさん重なり合っていたため、そもそも綺麗に並べられたレイアウトを崩さずに当該のものを選び出すことに大苦戦。さらにどのテキストボックス、オブジェクトが何番目に動くように設定したのかもわからなくなってしまい、「適切な順番通りにアニメーションを設定し直すのにすごく時間を浪費してしまった」と嘆いていました。

　どのオブジェクトが、どんな効果で、何番目に動くのかは慣れていないと再設定に多くの手間がかかります。ましてやたくさんのアニメーションに自動設定（1クリック→複数再生）を行っていた場合、1つオブジェクトを入れ替えただけでも適切な順番に設定し直すのは非常に大変です。

　編集作業をスムーズに行い、効率的に資料作成するうえでも、アニメーションの多用は避け、必要最低限に抑えたほうが無難といえます。

Chapter 10

伝わるプレゼン資料作成のための
PowerPoint 設定

01 ［スライドマスター］
スライドマスターに 必要な設定をしておく

　PowerPoint はさまざまな表現ができる反面、フォントの種類や箇条書きのスタイルなど、多くの設定を行う必要があります。しかし、それらをその都度設定していたら、非常に面倒で作業効率も悪くなります。そういった設定変更による効率の悪化を軽減し、少しでも時短につなげるためにも、**必要なことは事前に「スライドマスター」に設定しておきましょう。**

　スライドマスターとは、スライド全体のルールを決める場所です。ここでルールを設定すると、各スライドにそのルールが共通で適用されるため、その都度設定を変更する必要がなくなります。プレゼン用のスライド資料の場合、多くは数枚〜数十枚のスライドを用意することになるので、スライドマスターでの設定によって作業効率が大きく変わってきます。

●スライドマスターは「ひな形」

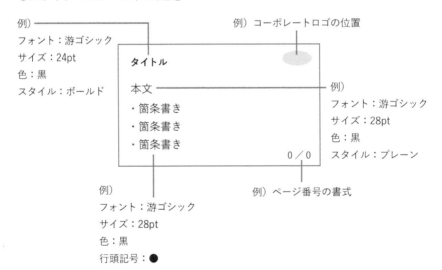

スライドマスターで、図のようにパーツごとの書式やレイアウトを決めると、各スライドに自動的に反映される。

●スライドマスターの開き方

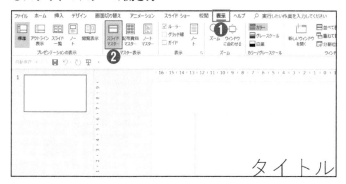

標準画面からスライドマスターを開くには［表示］タブ（**❶**）の［スライドマスター］（**❷**）をクリックする。

現在選択中のスライドの、レイアウトマスターが表示される。この状態だとスライドマスターが隠れているので、スクロールバー（**❸**）を上へドラッグし、サムネイルの最上部を表示する。

● スライドマスターとレイアウトマスター

スライド
マスター

レイアウト
マスター

画面左の一番上に表示されているのが「スライドマスター」で、その下につながっているのが「レイアウトマスター」。スライドマスターではスライド全体のルールが決められ、レイアウトマスターではスライド1枚ごとのレイアウトが決められる。

● スライドマスターの閉じ方

スライドマスターを閉じるには［スライドマスター］タブの［マスター表示を閉じる］（❶）をクリックする。

POINT

● 標準画面からスライドマスター画面に切り替えるには Shift キーを押しながら［標準］ボタン回をクリックします。［標準］ボタンは PowerPoint の画面右下にあります。

236

02 [スライドマスター]
スライドマスターの機能を知る

　スライドマスターを表示すると、下図のような機能からさまざまな設定ができます。ここで行った設定が、スライド全体に反映されます。一方、前ページで紹介したレイアウトマスターでは、スライド1枚ごとのレイアウトを決めることができます。

　なお、PowerPoint ではあらかじめさまざまなデザインやレイアウトルールが「テーマ」という名前で用意されています。、そのテーマをベースにカスタマイズするという使い方が基本です。

●スライドマスターの基本機能

❶プレースホルダーの追加、タイトル、フッターの表示・非表示を設定できる

❷あらかじめ用意されたテーマを選択し、全体に適用できる

❸[配色]：テーマカラーを設定できる。テーマカラーには、調和のとれた色の組み合わせがあらかじめ設定されている

　[フォント]：タイトルと本文のフォントの組み合わせが設定できる

　[効果]：挿入する図形にスタイルの組み合わせを設定できる

　[背景のスタイル]：スライドの背景を設定できる

　[背景を非表示]：[背景のスタイル] で設定した背景を非表示にする

スライドマスターと
スライドの関係を知る

　標準画面でスライドを挿入すると、最初から入力用の枠が表示されますが、これはスライドマスターで設定したデザインやレイアウトが反映されたものです。この入力用の枠は「プレースホルダー」といって、タイトルや本文など、入力されるテキストのスタイルがあらかじめ設定されています。

●スライドマスターとスライドの関係

スライドマスター画面

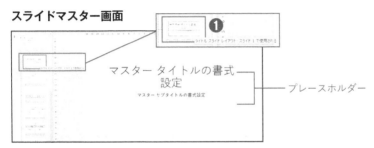

スライドマスター画面のレイアウトマスターにマウスポインターを合わせると、レイアウトの名前が確認できる（❶）。ここで表示されている［タイトル スライド レイアウト］とは、スライドを新規作成すると1ページ目（スライド1）として挿入されるタイトルページのこと。また、［マスタータイトルの書式設定］などと表示された枠がプレースホルダーとなる。

標準画面のスライド

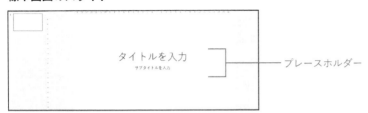

スライドを新規作成したときの1ページ目（スライド1）。このレイアウトは、レイアウトマスター側で設定されている。2ページ目以降に挿入するスライドも同じようにレイアウトマスター側の設定が反映される。プレースホルダーの位置や書式は、マスター側で設定されたものとなる。

Ctrl + M キーで スライドを追加する

　スライドマスターにはたくさんのレイアウトマスターがありますが、通常使うのは［タイトルスライド］と［タイトルとコンテンツ］の2つだけで十分です。スライドを新規作成すると、最初から1ページ目の［タイトルスライド］が挿入された状態になりますが、これは表紙として使います。2ページ目以降のスライドを追加するには、Ctrl + M キーを押します。すると、［タイトルとコンテンツ］が追加されます。原則として、表紙以降はこの［タイトルとコンテンツ］だけを使います。

●スライドを挿入する

プレゼンテーションを新規作成したときに1ページとして挿入される［タイトルスライド］（❶）。2ページ目以降を追加するには、Ctrl + M キーを押す。

［タイトルとコンテンツ］のスライド（❷）が挿入された。

スライドマスターに背景色を設定する

動画はコチラ

https://dekiru.net/
pptpr_1005

　背景色は基本的に全スライド同じにするのが原則です。スライドマスターに背景色を設定しておけば、全スライドの背景色を一度に変更でき、新しいスライドを挿入するたびに背景色の設定をする必要もなくなります。背景色は［背景のスタイル］から選べるほか、テーマの色、ユーザー指定の色も設定できます。

● ［背景のスタイル］から背景色を選ぶ

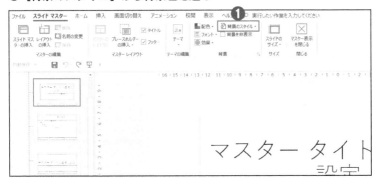

スライドマスター画面で［背景のスタイル］（❶）をクリック。

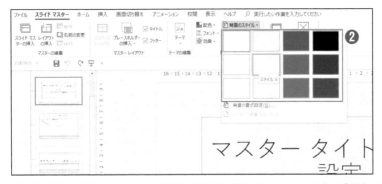

背景色（❷）を選択するとスライド全体の背景色が変わり、フォントの色も背景色に合わせて読みやすい色に自動的に変更される。たとえば、背景色を黒にするとフォントの色は白になる。

● ［テーマの色］や色を指定して背景色にする

スライドマスターを右クリックして［背景の書式設定］（①）をクリックする。

［背景の書式設定］の［色］の▼（②）をクリックして［テーマの色］から背景色を選ぶ。

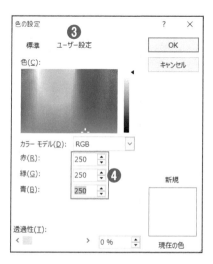

指定の色にするときは手順②の画面で［その他の色］をクリックすると［色の設定］ダイアログボックスが表示されるので、［ユーザー設定］タブ（③）をクリックして、［赤］［緑］［青］の数値を入力して設定する（④）。たとえば、107ページでおすすめした薄いグレーする場合は［カラーモデル］はRGB、［赤］［緑］［青］すべて250に設定する。

スライドマスターに
ベースカラーを設定する

動画はコチラ
▼

https://dekiru.net/
pptpr_1006

　ベースカラーも事前にスライドマスターに設定しておくのがおすすめです。こうすると新しいスライドを挿入するたびにベースカラーの設定をする必要がありません。ここでは操作例として、Chapter5「伝わる色のセオリー」で解説したベースカラー「濃いグレー」を設定してみます。

● ［色のカスタマイズ］を開く

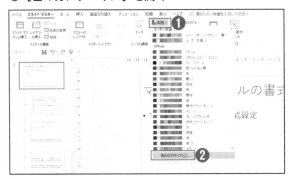

［スライドマスター］タブの［配色］（❶）の［色のカスタマイズ］（❷）をクリック。

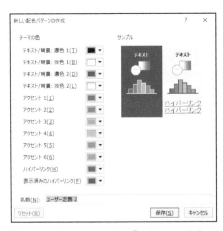

［新しい配色パターンの作成］ダイアログボックスが表示される。

●新しい配色パターンを作成する

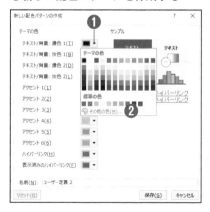

［新しい配色パターンの作成］ダイアログボックスの［テキスト／背景：濃色1］（❶）の▼をクリックし、［その他の色］（❷）をクリック。

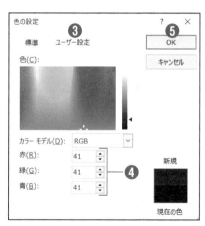

［ユーザー設定］タブ（❸）をクリックする。［赤］［緑］［青］をすべて「41」に設定して（❹）、［OK］（❺）をクリック。

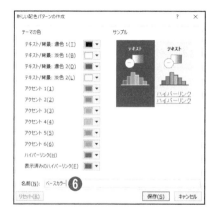

［新しい配色パターンの作成］ダイアログボックスで［名前］（❻）にわかりやすい名前を入力して［保存］をクリック。

メインカラーと
アクセントカラーを設定する

動画はコチラ
▼

https://dekiru.net/
pptpr_1007

　メインカラーやアクセントカラーも事前にスライドマスターに設定しておくのがおすすめです。メインカラーとアクセントカラーを登録することで、カラーパレットに明暗のグラデーションカラーも表示されるため、グラデーション上の色も簡単に選べるようになります。

● ［色のカスタマイズ］を開く

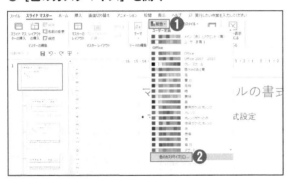

［スライドマスター］タブの［配色］（❶）をクリックし、［色のカスタマイズ］をクリック（❷）。

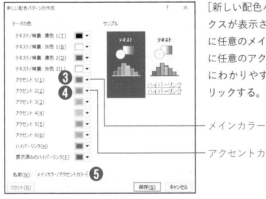

メインカラー

アクセントカラー

［新しい配色パターンの作成］ダイアログボックスが表示されるので、［アクセント1］（❸）に任意のメインカラーを、［アクセント2］（❹）に任意のアクセントカラーを設定。［名前］（❺）にわかりやすい名前を入力して［保存］をクリックする。

●カスタマイズした色を使う

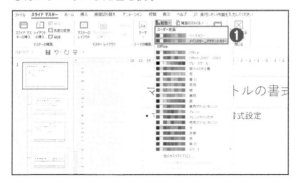

スライドマスターの［配色］をクリックして、設定したカラーが表示されていることを確認（**❶**）。

スライドマスターで作成したカラーはスライド作成時に使う書式設定などにある［テーマの色］の部分から選択できるようになる。

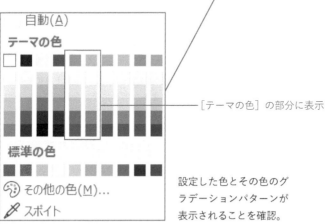

［テーマの色］の部分に表示

設定した色とその色のグラデーションパターンが表示されることを確認。

フォントセットを理解する

PowerPointには、スライドのタイトル部分と本文部分で使うのに最適なフォントの組み合わせがあらかじめ用意されていて、これを「フォントセット」と呼びます。フォントセットはテーマごとに決められていて、スライドマスターから選択できるようになっています。また、自分で好きなフォントセットを作ることも可能です。まずはフォントセットの仕組みを理解しましょう。

●スライドとフォントセットの関係

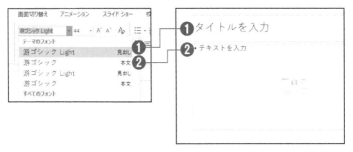

［ホーム］タブの［フォント］にある［テーマのフォント］がフォントセット。フォント名の右に［見出し］（❶）と記載されているのがプレースホルダーのタイトル部分に設定されたフォントで、［本文］（❷）はプレースホルダーのテキスト部分に設定されたもの。

●日本語用と英数字用のフォントセット

［テーマのフォント］に表示される4つのフォントのうち、上の2つは英数字用、下の2つは日本語用となっている。

スライドマスターで
フォントを設定する

動画はコチラ

https://dekiru.net/
pptpr_1009

　スライドマスターに切り替えて、フォントセットを変更してみましょう。ここではあらかじめ用意された組み合わせを選ぶ手順を紹介します。スライドマスターでフォントセットを変更すると、現在設定されているテーマのフォントセットが一括して変更されます。

●フォントセットを変更する

スライドマスターに切り替えておく。現在設定されているのは Office テーマで、日本語、英数ともに見出しは游ゴシックLight、本文は游ゴシックとなっている。

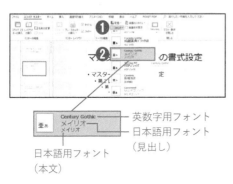

［フォント］（❶）をクリックするとフォントセットの一覧が表示されるので、ここから好きな組み合わせをクリック（❷）。

一覧の見方は、一番上にあるのが英数字用フォント（フォントセットにつけられた名前）、2番目は見出しの日本語用フォント、3番目は本文の日本語用フォントとなっている。

選択したフォントセットに変更された。

10 ［スライドマスター］
フォントセットを カスタマイズする

動画はコチラ

https://dekiru.net/
pptpr_1010

　フォントセットは、あらかじめ設定された組み合わせから選ぶほか、自分で好きな組み合わせを作ることもできます。見出し、本文といったプレースホルダーごとに、日本語用、英数字用をそれぞれ設定できます。

●フォントセットのカスタマイズ

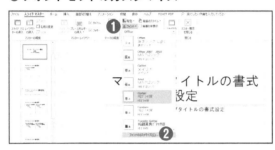

［フォント］（❶）をクリックして表示されるメニューの一番下にある［フォントのカスタマイズ］（❷）をクリック。

［新しいテーマのフォントパターンの作成］ダイアログボックスが表示されるので、［英数字用のフォント］（❸）、［日本語文字用のフォント］（❹）それぞれの［見出しのフォント］［本文のフォント］を設定し、名前（❺）をつけて［保存］をクリックする。名前には、英数字用として選んだフォント名を入力するのがおすすめ。

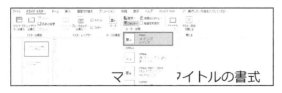

［フォント］をクリックして作成したフォントセットが表示されることを確認。手順❺で設定した名前が一番上に表示される。

11 [スライド番号]

スライド番号を
表示する

動画はコチラ
▼

https://dekiru.net/
pptpr_1011

　プレゼン資料のスライドごとに、スライド番号（ページ番号）を表示することができます。スライド番号はスライドマスターから設定することも可能ですが、標準画面から簡単に設定することも可能です。その方法を知っておきましょう。

● ヘッダーとフッターを設定する

標準画面の[挿入]タブにある[ヘッダーとフッター]（❶）をクリックして[ヘッダーとフッター]ダイアログボックスを表示する。
[スライド番号]（❷）にチェックを付けて、[すべてに適用]（❸）をクリック。

スライドにスライド番号が表示されたことを確認。

手順❸のように[すべてに適用]をクリックすると、新しく挿入するスライドにもスライド番号が挿入される。

12 ［スライド番号］
スライド番号を
分数表示にする

動画はコチラ
▼

https://dekiru.net/
pptpr_1012

　スライド番号は、初期設定ではシンプルに番号が表示されますが、全体のうちの何番目かがわかるように「1/10」のような分数表示にしてみましょう。なお、この設定は、設定後に挿入したスライドから適用されます。すでに作成済みのスライドに適用する場合は、［ヘッダーとフッター］ダイアログボックスでいったんスライド番号を非表示にしてから、再度表示させると全体に適用されます。

●スライドマスター画面でスライド番号を設定する

スライドマスター画面の［挿入］タブにある［ヘッダーとフッター］（❶）をクリックして［ヘッダーとフッター］ダイアログボックスを表示する。

［スライド番号］（❷）にチェックを付けて、［すべてに適用］（❸）をクリック。

スライド番号の枠をクリックして、「<#>」の右側に「/10」と入力（❹）。なお、ここでは例として「10」としているが、スライドの総ページ数を入力する。

POINT ───────────

●スライド番号は、レイアウト単位で設定します。この例のように［タイトルとコンテンツ］レイアウトに設定した場合は、そのレイアウトにしか適用されません。

13 ［日付／フッター］
フッターと日付は
入力しなくていい

　スライド番号のほかにも、各スライドの下部に表示できる要素があります。「日付」と「フッター」です。この２つもスライド番号の横に表示領域が確保されており、デフォルトの設定では非表示になっています。スライドマスターの［ヘッダーとフッター］から表示できますが、これらに関しては非表示のままにしておきましょう。表紙に載せていれば十分なので、スライドごとに載せる必要はありません。

●フッターと日付は変更する必要はなし

日付も、フッターに入れることの多い社名や資料タイトルも、基本的には表紙に書いてあれば十分。

POINT ─────────────────────────
●スライド番号含め、資料全体において必要最低限載っていれば大丈夫です。

14 [スライドサイズ]
スライドの サイズを変える

動画はコチラ

https://dekiru.net/
pptpr_1014

　PowerPointのスライドのサイズ（アスペクト比）は、初期設定では横と縦の比率が16対9となっています。これは画面解像度が1920×1080ピクセルのフルHDの比率で、最近の液晶画面やプロジェクターに対応した比率に揃えてあります。ただ、会場によってはXGA（1024×768ピクセル）など4対3の比率の液晶に投影しなければならない場合があります。スライドを作成するときは、あらかじめ投影先の環境に応じたサイズに設定しておきましょう。

●スライドのサイズを変更する

16対9のスライド

タイトルを入力
サブタイトルを入力

4対3のスライド

タイトルを入力
サブタイトルを入力

［デザイン］タブの［スライドのサイズ］（❶）をクリックして［標準（4：3）］（❷）を選択。すると［最大化］か［サイズに合わせて調整］するか選ぶダイアログボックスが表示されるので、どちらかをクリックする。［最大化］（❸）の場合は、スライド内の画像などがなるべく大きく表示され、［サイズに合わせて調整］（❹）の場合は、変更後のサイズに収まるように自動的に縮小される。

POINT
●サイズの変更は、スライドのコンテンツを作成する前にしておきましょう。コンテンツを作ってからサイズを小さくすると、サイズに合わせてコンテンツのバランスが変わってしまいます。

15 [設定]
スライド作成画面を
広く使う

動画はコチラ

https://dekiru.net/
pptpr_1015

　ノートパソコンなど、小さめの画面でプレゼン資料作りをするのはストレスが溜まるもの。作業領域は少しでも大きいほうが、作業の効率もアップします。とても簡単な操作で画面を広くするテクニックを紹介しましょう。

●リボンを折りたたむ

［リボンを折りたたむ］（❶）をクリック。

リボンが非表示になり、作業領域が広くなった。

タブをクリックすると、リボンが表示される。リボンを表示したままにしたいときは、［リボンの固定］（❷）をクリックする。

16 [設定]
よく描く図形の条件を設定する

動画はコチラ

https://dekiru.net/
pptpr_1016

　図形の書式に関する設定も行っておきましょう。たとえば、「線の太さは1pt、塗りの色は白、影などの効果はなし」という一定の条件でたくさん図形を描きたい場合、その都度それらの条件を変更していては、非常に手間が増えて面倒です。

　そのようなときは、[既定の図形に設定] 機能を活用しましょう。この機能を使うと、そのファイル内で図形を描くときは設定した書式が自動的に反映されます。「お気に入り」の図形の書式を登録しておけるようなイメージです。

　毎度「色を変えて、線の太さを変えて、影を消して……」などのわずわしい操作を行わなくて済むので、作業も効率的に進められておすすめです。

●図形をよく使う書式に設定する

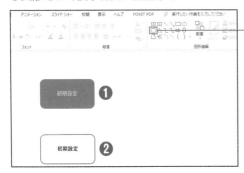

———[四角形：角を丸くする]

たとえば、[四角形：角を丸くする] を描くと、初期設定では❶のような図になる。「白い図形を最初から描きたい」場合は、この図の書式を❷のように変更して [既定の図形に設定] しておくと、すべての図形にこの書式が自動的に反映されるようになる。

POINT ————

● [既定の図形に設定] 機能は、すべての図形に設定されます。たとえばここの例では [四角形：角を丸くする] に設定しましたが、正方形や楕円、二等辺三角形、ブロック矢印などにも適用されます。なお、線と線矢印に既定の書式を設定する場合は、線を右クリックして表示されるメニューから [既定の線に設定] をクリックします。

●既定の図形に設定する

既定の図形にしたい図形を右クリックして、表示されるメニューの［既定の図形に設定］（**❶**）をクリック。

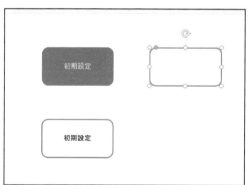

［四角形：角を丸くする］を選択して図形を作成すると、既定に設定したのと同じ書式になる。なお、この機能でサイズは固定されない。

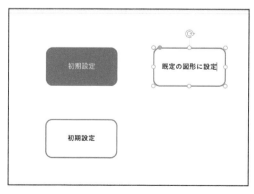

図形内に入力した文字の書式も自動的に反映される。ただし、基本的には図形の中に直接文字は入力しないほうがいい（P.151 参照）。

Chapter 10 伝わるプレゼン資料作成のための PowerPoint 設定

17 [テキストボックス]
文字サイズを
設定する

動画はコチラ
▼

https://dekiru.net/
pptpr_1017

　テキストボックスの文字サイズは初期設定で 18pt と設定されています。プレゼン資料の文字サイズとして 18pt は小さいので、文字サイズは 28pt に設定すると 78 ページで解説しました。そのサイズをあらかじめテキストボックスに設定しておくと作業効率もさらに上がります。

●文字サイズを 28pt に設定する

テキストボックスを挿入して右クリック。[フォントサイズ] の▼をクリックして「28pt」に設定する（❶）。

もう一度テキストボックスを右クリックして表示されるメニューの [既定のテキストボックスに設定] をクリックする（❷）。

POINT ─────────────────────────

●ここではフォントサイズのみ設定しましたが、フォントの種類や太さ、色、塗りつぶしの色なども既定のテキストボックスとして設定できます。

18 ［プレースホルダー］
プレースホルダーに既定の書式を設定する

動画はコチラ
▼

https://dekiru.net/
pptpr_1018

　プレースホルダーには、テキストボックスや図形のように既定の書式を設定する機能がありません。プレースホルダーの書式を一括して変更したい場合は、スライドマスターから設定しましょう。ここでは例としてテキストプレースホルダーの文字間と行間を広めに設定してみます。スライドマスターでテキストなどの書式を設定するには、スライドマスター画面の［ホーム］タブで行います。

●プレースホルダーに書式を設定する

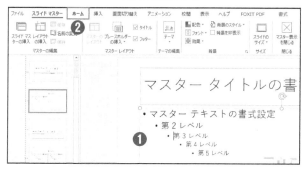

テキストのプレースホルダーを選択して（❶）、スライドマスター画面の［ホーム］タブ（❷）をクリック。

ここでは例として［文字の間隔］（❸）を［標準］、［行間］（❹）を「1.5」に設定する。スライドは遠くから見ることを考えて行間や字間は広過ぎず狭過ぎずに設定する。

19 [設定]
クイックアクセスツールバーを活用する

動画はコチラ
▼

https://dekiru.net/
pptpr_1019

　PowerPointには多くの機能が搭載されていますが、実際にはそれらすべてを使うことはまずありません。むしろあまりに機能が多過ぎて、使いたい機能に辿り着くまでに何度もクリックしないといけないので面倒です。そんなときは「クイックアクセスツールバー」を有効に活用しましょう。

　クイックアクセスツールバーとは、よく使う操作をすぐ実行できるように画面の左上にショートカットアイコンで常時表示できる機能です。これを利用すれば、初心者でも簡単に作業を効率化できるようになります。

●よく使う操作が1クリックで操作できるようになる

クイックアクセスツールバー

クイックアクセスツールバーはよく使う操作のボタンを常に表示しておく機能。ここに登録しておくと1クリックで操作できるようになる。

●クイックアクセスツールバーに登録する

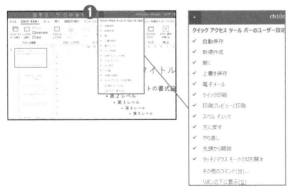

クイックアクセスツールバーの右側にある▼（❶）をクリック。追加できる操作が一覧表示されるので、ツールバーに追加する操作をクリックする。

●クイックアクセスツールバーの位置を変更する

クイックアクセスツールバーの右側にある▼からツールバーの位置を変更できる。ツールバーがリボンの下の状態で［リボンの上に表示]をクリックすると上に配置。ツールバーがリボンの上の状態で［リボンの下に表示］をすると下へ配置される。

ツールバーを上に配置

ツールバーを下に配置

●クイックアクセスツールバーにさらに操作を追加する

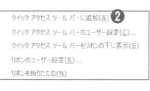

▼をクリックして表示される一覧にない機能をクイックアクセスツールバーに追加するときは、追加したい機能のボタン（❶）上で右クリックして表示されるメニューから［クイックアクセスツールバーに追加]（❷）をクリックする。ここでは例として[スライドマスター表示]をクイックアクセスツールバーに追加にする。

クイックアクセスツールバーの一番右側に追加した［スライドマスター表示］のアイコンが表示されたことを確認。

20 [変換]

プレゼンファイルを
PDF に変換する

動画はコチラ
▼

https://dekiru.net/
pptpr_1020

　PowerPoint のプレゼンテーションファイルは、PowerPoint がインストールされたパソコンやタブレットでないと開けません。常に自分のパソコンを持ち込んでプレゼンを行えるとも限らないため、完成したプレゼンテーションファイルは PDF 形式で保存し、PDF ファイルも一緒に持ち歩くようにすると安心です。なお、PDF で保存した場合は、アニメーション機能は動作しません。

● PDF にエクスポートする

［ファイル］タブの［エクスポート］をクリックし、［PDF/XPS の作成］（❶）をクリック。

［オプション］（❷）をクリック。

［フォントの埋め込みが不可能な場合はテキストをビットマップに変換する］（❸）をクリックし、前の画面で［発行］（❹）をクリックする。

POINT ───────────────────────────────

● PDF を開いたパソコンの環境によっては、フォントがきちんと表示されなくなるため、手順❸の操作でテキストを画像化しています。

21 ［ 出力 ］
スライドの一覧を
Wordに書き出す

動画はコチラ
▼

https://dekiru.net/
pptpr_1021

　PowerPointで作ったスライドとノートを一覧にしてWordに書き出すことができます。ノートにトーク原稿を入力して印刷しておけば、パソコンがない自宅などでもプレゼンの練習に使えます。

● Wordにエクスポートする

［ファイル］タブの［エクスポート］をクリックし、［配布資料の作成］（❶）の［配布資料の作成］（❷）をクリック。

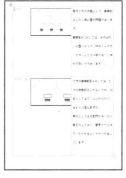

［Microsoft Wordに送る］ダイアログボックスが表示されるので、［レイアウトを選択］（❸）して［OK］（❹）をクリック。

Wordが起動して、スライドとノートが一覧化された。必要に応じて保存、印刷などしておく。

POINT
● PowerPointのノート機能を使うと、トーク原稿などをメモしておくことができます。ノートは、画面下の［ノート］をクリックするとスライドの下部に表示され、スライドごとにテキストを入力できます。

たくさんの機能を「使いこなす」より、「慣れる」ほうが大切!?

　PowerPointを使うのにまだ慣れていない方や、使い始めたばかりの方からよく聞かれるのは「機能がいっぱいあって、『何をすると、どうなるのか』がまったくわからなくて……」というお話です。実際に私のセミナーに参加される生徒さんの中からも、このコメントは非常によく聞かれます。

　PowerPointは非常に多機能であり、さらには最新のバージョンが登場するたびにどんどんと機能が追加されています。それによって、便利になることももちろんあるのですが、実際のところPowerPointのすべての機能を使いこなしている人はほとんどいないでしょう。

　かくいう私も、正直なところ機能自体は本書で使用しているような必要最低限のものしか使っていません。選択肢があり過ぎると、どれを使うべきか迷ってしまいますし、操作がわからずに作業効率がガクッと落ちてしまうこともあるからです。

　そのため、PowerPointの扱いに自信がない方は私と同じように、たくさんの機能を「使いこなす」ことよりも、自分にとって使いやすい最低限の機能を絞って、その使い方に「慣れる」のをはじめは優先するといいでしょう。

　目的はあくまで"わかりやすい資料を作ること"であり、PowerPointの機能というのはそれを実現するための"手段"でしかありません。本書でも使う機能は絞って解説しているので、ぜひご参考ください。

おわりに

　本書をお手に取り、最後までお読みになっていただき、誠にありがとうございます。

　私は仕事柄、さまざまなデザインや資料作成を行うことが多いですが、すべての制作に共通することがあります。それはデザインは「手段」に過ぎないということです。ビジネスシーンで使用される資料や媒体物（パンフレット、ポスター……etc）には、それぞれ「伝えたいこと（＝目的）」が必ず背景にあります。その目的を的確に伝えるために「デザイン（＝手段）」が必要になるわけです。特にプレゼン資料は、つい「あれもこれも言いたい！」「もっと格好よく見せたい！」など、いつの間にかやや自分本位な内容になりがちです。しかし、あくまで最優先すべきは「伝える」ことなので、「聞き手にとって価値のあるものを、わかりやすく資料に表す」という点は、常に意識しながら作成するのが大切であり、私の資料作成のベースとなっている考え方でもあります。

　本書で解説したセオリーの中には、「そんなこととっくに知っているよ！」というようなものや、ほかのプレゼンのノウハウ本ですでに解説されているものもあったかもしれません。でも、それはある意味必然だと私は考えます。なぜなら、資料をわかりやすく作る、デザインするというのは、非常に「ロジカルな世界」だからです。「こんなときは、こうするとわかりやすい。なぜなら……」というしっかりとした根拠が存在しているわけですから、作り方として最終的に辿り着く「ベター」が似通るのも至極当然です。そのような意味でも、「あ、このセオリーは聞いたことあるぞ！」というものがあっ

たら、むしろ自信を持って使ってみていただければと思います。

　ただし、そうはいっても実際のビジネスの現場では、シビアな条件でのプレゼンが多いのも事実です。先方からの要望で「投影資料は4枚以内」にしなければならなかったり、逆に「情報がぎっしり入った『ビジーな資料』でないと、うちの会社は決裁が通らなくて……」なんてこともあります。そんな条件下では、本書のセオリーだけを使って作っても、うまくいかないこともあるでしょう。そのため、本書の内容も「絶対こうしなければいけない」ということではなく、状況に応じてうまく使い分けていただき、現状の資料のブラッシュアップに活用していただければ幸いです。

　最後になりますが、本書の執筆にあたって株式会社インプレスの田淵豪さんと石橋敏行さんには多くのご指導・サポートをいただきました。お二方のご助言なくして、本書の完成は成しえなかったと確信しております。本当にありがとうございました。

2020年2月
株式会社トリッジ
日比　海里

Appendix

ショートカットキー
& 索引

ショートカットキー 一覧

　ここでは PowerPoint の操作を効率的にこなすためのショートカットキーを紹介します。操作するシーンごとに並べてあるので、場面に応じて使えるものを増やしていきましょう。

■ ファイル操作のショートカットキー

操作	ショートカットキー
新規プレゼンテーションファイルを作成する	Ctrl + N
保存する	Ctrl + S

■ メニュー操作のショートカットキー

操作	ショートカットキー
[ファイル]タブを開く	Alt + F
[ホーム]タブを開く	Alt + H
[挿入]タブを開く	Alt + N
[デザイン]タブを開く	Alt + G
[画面切り替え]タブを開く	Alt + K
[アニメーション]タブを開く	Alt + A
[スライドショー]タブを開く	Alt + S
[校閲]タブを開く	Alt + R
[表示]タブを開く	Alt + W
[ヘルプ]タブを開く	Alt + Y
[印刷]ダイアログボックスを開く	Ctrl + P

■ スライド操作のショートカットキー

操作	ショートカットキー
新しいスライドを追加する	Ctrl + M
次のスライドに移動する	Page Down
前のスライドに移動する	Page Up
ガイドを表示・非表示にする	Alt + F9

■ 編集操作のショートカットキー

操作	ショートカットキー
切り取る	Ctrl + X
コピーする	Ctrl + C
貼りつける	Ctrl + V
書式をコピーする	Ctrl + Shift + C
書式を貼りつける	Ctrl + Shift + V
操作を取り消す	Ctrl + Z
操作を繰り返す	Ctrl + Y

■ テキスト操作のショートカットキー

操作	ショートカットキー
太字にする	Ctrl + B
下線を引く	Ctrl + U
斜体にする	Ctrl + I
書式を解除する	Ctrl + Space
中央揃えにする	Ctrl + E
左揃えにする	Ctrl + L
右揃えにする	Ctrl + R
フォントを大きくする	Ctrl + Shift + >
フォントを小さくする	Ctrl + Shift + <

■ オブジェクト操作のショートカットキー

操作	ショートカットキー
背面に移動する	Ctrl + [
前面に移動する	Ctrl +]
最背面に移動する	Ctrl + Shift + [
最前面に移動する	Ctrl + Shift +]
複製する	Ctrl + D
次のプレースホルダーに移動する	Ctrl + Enter
グループ化する	Ctrl + G
グループを解除する	Ctrl + Shift + G

Index

● 著者プロフィール

日比海里（ひび・かいり）

株式会社トリッジ（TRIDGE Inc.）
代表取締役CEO

1984年東京生まれ。デザイナーであった親の影響もあり、学生時代からデザインに
関心を持ち、デザインの中ですくすくと成長。大学卒業後は大手出版社に新卒で入社。
編集部にて単行本や継続出版物、Webサービスの企画・編集・ディレクション業務を
担当。その後、経営企画部に異動し、経営計画の策定、競合・マーケットリサーチな
どを幅広く担当する。2017年3月に出版社を退職し、同7月に株式会社トリッジを設立。
現在は、同社でWeb・グラフィックデザイン、メディアのコンテンツ制作・ディレクショ
ンを中心に行いつつ、デザインやビジネス資料作成の講師兼アドバイザーとしても活
動中。

● STAFF

カバー・本文デザイン・DTP　　株式会社Isshiki
デザイン制作室　今津幸弘
DTP　田中麻衣子
制作担当デスク　柏倉真理子
編集　石橋敏行
副編集長　田淵豪
編集長　藤井貴志

本書のご感想をぜひお寄せください
https://book.impress.co.jp/books/1119101050

読者登録サービス
CLUB impress

アンケート回答者の中から、抽選で図書カード（1,000円分）
などを毎月プレゼント。
当選者の発表は賞品の発送をもって代えさせていただきます。
※プレゼントの賞品は変更になる場合があります。

■商品に関する問い合わせ先

このたびは弊社商品をご購入いただきありがとうございます。本書の内容などに関するお問い合わせは、下記のURLまたは二次元バーコードにある問い合わせフォームからお送りください。

https://book.impress.co.jp/info/

上記フォームがご利用いただけない場合のメールでの問い合わせ先
info@impress.co.jp

※お問い合わせの際は、書名、ISBN、お名前、お電話番号、メールアドレス に加えて、「該当する
ページ」と「具体的なご質問内容」「お使いの動作環境」を必ずご明記ください。なお、本書の範囲
を超えるご質問にはお答えできないのでご了承ください。

● 電話やFAXでのご質問には対応しておりません。また、封書でのお問い合わせは回答までに日数をいた
だく場合があります。あらかじめご了承ください。
● インプレスブックスの本書情報ページ https://book.impress.co.jp/books/1119101050 では、本書
のサポート情報や正誤表・訂正情報などを提供しています。あわせてご確認ください。
● 本書の奥付に記載されている初版発行日から3年が経過した場合、もしくは本書で紹介している製品や
サービスについて提供会社によるサポートが終了した場合はご質問にお答えできない場合があります。

■落丁・乱丁本などの問い合わせ先
FAX 03-6837-5023
service@impress.co.jp
※古書店で購入された商品はお取り替えできません。

ひと目で伝わるプレゼン資料の全知識（できるビジネス）

2020年3月21日　初版発行
2024年5月1日　第1版第4刷発行

著者	日比海里
発行人	小川 亨
編集人	高橋隆志
発行所	株式会社インプレス
	〒101-0051　東京都千代田区神田神保町一丁目105番地
	ホームページ　https://book.impress.co.jp/
印刷所	株式会社ウイル・コーポレーション